电路分析基础实验指导书

DIANLU FENXI JICHU SHIYAN ZHIDAOSHU

主　编　李杏梅　　贺宏亮
副主编　钟　梁　　郝国成
　　　　易　颖　　王　巍

图书在版编目(CIP)数据

电路分析基础实验指导书/李杏梅,贺宏亮主编;钟梁等副主编. —武汉:中国地质大学出版社,2024.7. —(中国地质大学(武汉)实验教学系列教材). —ISBN 978-7-5625-5897-2

Ⅰ. TM133-33

中国国家版本馆 CIP 数据核字第 202457DY74 号

电路分析基础实验指导书	李杏梅　贺宏亮　主编
责任编辑:周　旭	责任校对:徐蕾蕾
出版发行:中国地质大学出版社(武汉市洪山区鲁磨路388号)	邮编:430074
电　　话:(027)67883511　　　传　　真:(027)67883580	E-mail:cbb@cug.edu.cn
经　　销:全国新华书店	http://cugp.cug.edu.cn
开本:787毫米×1 092毫米　1/16	字数:122千字　印张:4.75
版次:2024年7月第1版	印次:2024年7月第1次印刷
印刷:武汉中远印务有限公司	
ISBN 978-7-5625-5897-2	定价:28.00元

如有印装质量问题请与印刷厂联系调换

前　言

随着现代电子技术的突飞猛进，社会越来越需要具有创造能力的电子技术人才。"电路分析"是普通高等院校电类及相关专业开设的一门重要的专业技术基础课程，也是一门实践性很强的课程，在整个电类专业中起着基础作用。电路分析实验是加深、巩固学生所学理论知识所必需的一种教学手段和教学途径，它关系到学生对于理论知识的掌握程度以及实验技能、创新能力的培养等。

虽然电路分析基本理论已非常成熟，但随着近代电路理论的不断发展，其辅助计算工具和仿真软件不断更新，加之当今新的学科领域和分支的相继涌现，因此本教材不仅仅局限于硬件电路的搭建，对于一些通用的电子元器件以及通用的实验仪器也进行了简单介绍，此外还加入了仿真软件 Multisim 的相关内容以及辅助计算工具 Python 用于电路分析的相关内容。

本教材侧重自主学习与设计，在实验手段与方式上，要求学生进入实验室前，根据实验内容完成电路图的设计，并且根据设计的电路图计算理论结果，同时利用仿真工具 Multisim 仿真出电路图对应的结果，并对两者进行比较判断正误，如果出现错误能够找到解决方法。进入实验室后，学生根据电路图搭建实验电路，测试实验结果，并且与理论结果和仿真结果进行对比，自行判断正误并解决问题。

目 录

第一章 电路分析实验的基础知识 ………………………………………………… (1)
  第一节 电路分析实验的目的和意义 ……………………………………………… (1)
  第二节 电路分析实验的一般要求 ………………………………………………… (1)
  第三节 误差分析与测量结果的处理 ……………………………………………… (2)
  第四节 测量仪器的阻抗对测量结果的影响 ……………………………………… (6)
  第五节 接 地 ……………………………………………………………………… (7)
  第六节 实验报告撰写 …………………………………………………………… (12)

第二章 电路分析实验的常用仪器 ………………………………………………… (15)
  第一节 数字万用表 ……………………………………………………………… (15)
  第二节 示波器 …………………………………………………………………… (16)
  第三节 函数发生器 ……………………………………………………………… (17)
  第四节 电子元器件概述 ………………………………………………………… (17)

第三章 电路分析验证性实验 ……………………………………………………… (27)
  第一节 元件伏安特性的测量 …………………………………………………… (27)
  第二节 电位与电压的关系 ……………………………………………………… (30)
  第三节 受控源特性测试 ………………………………………………………… (32)
  第四节 叠加定理 ………………………………………………………………… (35)
  第五节 戴维南定理 ……………………………………………………………… (36)
  第六节 一阶 RC 电路响应特性 ………………………………………………… (38)
  第七节 RLC 串联谐振电路 ……………………………………………………… (40)
  第八节 RC 选频网络特性测试 ………………………………………………… (42)
  第九节 集成运算放大器电路线性应用 ………………………………………… (46)

第四章 Multisim 学习与仿真实验设计 …………………………………………… (49)
  第一节 实验目的及实验要求 …………………………………………………… (49)
  第二节 实验原理 ………………………………………………………………… (49)
  第三节 实验内容 ………………………………………………………………… (59)
  第四节 实验报告要求 …………………………………………………………… (59)

第五章 Python 在电路分析中的应用 ……………………………………………… (60)
  第一节 实验目的及实习要求 …………………………………………………… (60)
  第二节 实验原理 ………………………………………………………………… (60)
  第三节 实验内容 ………………………………………………………………… (61)

参考文献 …………………………………………………………………………… (69)

第一章　电路分析实验的基础知识

第一节　电路分析实验的目的和意义

电路分析是一门对理论和实践要求较高的课程，它的任务是让学生掌握电路分析方面的基础理论、基础知识和基本技能。加强实验训练特别是技能的训练，对提高学生分析问题和解决问题的能力，特别是毕业后的实际工作能力，具有十分重要的意义。

电路分析是一门飞速发展的学科，市场经济需要的是具有一定实际工作能力的复合型人才，而实验教学在培养学生实际动手能力等方面有一定的优势。在实验过程中，让学生学习正确使用电流表、电压表、变阻器等常用仪表和设备，熟练掌握毫伏表、直流稳压电源、函数信号发生器、示波器等常用电子仪器的操作方法，并能够分析、验证器件和电路的工作原理及功能，对电路进行分析、调试、故障排除和性能指标的测量，达到自行设计、制作各种功能的实际电路等目的，从而在提高学生的各种实验技能、锻炼学生的实际工作能力的同时，提升学生的创造性思维能力、观测能力、表达能力、动手能力、查阅文献资料的能力等综合素质。此外，通过实验还可以培养学生勤奋进取、严肃认真、理论联系实际的务实作风和为科学事业奋斗的精神。

第二节　电路分析实验的一般要求

尽管每个电路分析实验的目的和内容不同，但为了培养学生良好的学风和严谨的科学态度，充分发挥学生的主动精神，促使其独立思考、独立完成实验并有所创新，需要对学生电路分析实验的准备阶段、进行阶段、实验报告撰写阶段分别提出一些基本要求。

一、实验准备阶段

为了避免盲目性，参加实验者应提前对实验内容进行预习。通过预习，明确实验的目的和要求，查阅有关资料，掌握实验的基本原理，看懂实验电路图或者自己设计实验电路图，清楚实验内容以及实验步骤，并且做到如下要求。

(1) 阅读实验指导书，明确实验的目的、任务与要求，并结合实验原理复习相关的理论知识，理解实验原理并尝试自己设计实验电路图，完成必要的理论估算；设计好实验数据的记录表格，认真思考并解答预习思考题。

(2)理解并牢记指导书中提出的注意事项,了解仪器、仪表的使用方法,防止实验过程中损坏仪器、仪表。

(3)完成预习报告,报告中应有实验目的、所用仪器设备、实验原理、电路原理图、实验步骤及数据记录表格,课前交指导教师检查签字后才能进行实验。

二、实验进行阶段

(1)参加实验者要自觉遵守实验室规则。

(2)根据实验内容合理布置实验现场。仪器设备和实验装置安放要妥当。检查所用器件和仪器是否完好,然后按实验方案搭接实验电路和测试电路,并认真检查,确保无误后方可通电测试。

(3)认真记录实验条件和实验所得结果,并根据预习的理论估值对记录的实验结果进行分析,检查实验结果的正误。发生故障应独立思考,耐心寻找故障原因并排除故障,记录排除故障的过程和方法。

(4)仔细审阅实验内容及要求,确保实验内容完整,测量结果准确无误,现象合理。

(5)实验中若发生异常现象,应立即切断电源,并报告指导教师和实验室有关人员,等候处理。

(6)实验内容全部完成后,原始数据经指导教师签字确认后才有效,之后不得再作任何更改。拆除实验线路前应先切断电源,拆完线后将仪器设备复归原位,清理好导线及桌面,经指导教师验收后才可以离去。

三、实验报告撰写阶段

实验报告是对实验工作的全面总结。实验者做完实验后应用简明的形式将实验结果和实验情况完整、真实地记录下来。实验报告撰写部分具体见本章第六节。

第三节 误差分析与测量结果的处理

在科学实验与生产实践的过程中,为了获取表征被研究对象特征的定量信息,必须准确地进行测量。在测量过程中,由于各种原因,测量结果和待测量的客观真值之间总存在一定的差别,即测量误差。因此,分析误差产生的原因,如何采取措施减少误差,使测量结果更加准确,对实验人员来说是必须要了解和掌握的。

一、误差的来源与分类

1. 测量误差的来源

测量误差的来源主要有以下几个方面。

(1)仪器误差。仪器误差是指因测量仪器本身的电气或机械等性能不完善所造成的误差。显然,消除仪器误差的方法是配备性能优良的仪器并定时对测量仪器进行校准。

(2)使用误差(又称操作误差)。它指测量过程中因操作不当而引起的误差。减小使用误差的办法是测量前详细阅读仪器使用说明书,严格遵守操作规程,提高实验技巧和对各种仪器的操作能力。

(3)方法误差(又称理论误差)。它是指由于使用的测量方法不完善、理论依据不严密,或对某些经典测量方法作了不适当的修改及简化所产生的误差,即在测量结果的表达式中没有得到反映,而实际在测量过程中又起到一定作用的因素所引起的误差。例如,用伏安法测电阻时,若直接以电压表示值与电流表示值之比作测量结果,而不计电表本身内阻的影响引起的误差就是方法误差。

2. 测量误差的分类

测量误差按性质和特点可分为系统误差、随机误差和粗差三大类。

(1)系统误差。它是指在相同条件下重复测量同一量时,误差的大小和符号保持不变,或按照一定规律变化的误差。系统误差一般可通过实验或分析方法,查明其变化规律及产生原因后减少或消除。电路分析实验中系统误差常来源于测量仪器的调整不当和使用方法不当。

(2)随机误差(偶然误差)。它是在相同条件下多次重复测量同一量时,误差大小和符号的变化毫无规律的误差。随机误差不能用实验方法消除,但从随机误差的统计规律中可了解它的分布特性,并对其大小及测量结果的可靠性作出估计,或通过多次重复测量取算术平均值来达到消除或减小随机误差的目的。

(3)粗差。这是一种过失误差。这种误差是测量者对仪器设备不了解或粗心大意,导致读数不正确而引起的,测量条件的突然变化也会引起粗差。含有粗差的测量值称为坏值或异常值。必须根据统计检验方法的某些准则去判断哪个测量值是坏值,然后去除该测量值,达到消除粗差的目的。

二、误差的表示方法

误差可以用绝对误差和相对误差来表示。

1. 绝对误差

设被测量量的真值为 A_0,测量仪器的读数为 X,则绝对误差为

$$\Delta X = X - A_0 \tag{1-1}$$

在某一时间及空间条件下,被测量量的真值虽然是客观存在的,但一般无法测得,只能尽量逼近它。一般常用高一级标准(精密标准)测量仪器的测量值 A 代替真值 A_0,这时绝对误差近似为

$$\Delta X \approx X - A \tag{1-2}$$

在测量前,测量仪器应由高一级标准仪器进行校正,校正量常用修正值 C 表示,即

$$C = A - X = -\Delta X \tag{1-3}$$

式中:A 为高一级标准仪器的测量值;X 为测量仪器的测量值。

由式(1-3)可知,测量仪器的修正值就是绝对误差,只是符号相反。

利用修正值便可得到该仪器所测量的近似实际值,即

$$A \approx X + C = X + (-\Delta X) = X - X + A = A \tag{1-4}$$

例如,用电压表测量电压时,电压表的示值为 1.1V,通过鉴定得出其修正值为 −0.01V,

则被测电压的真值为
$$A = 1.1 + (-0.01) = 1.09\text{V}$$

修正值可以用曲线、公式或数表的方式给出。对于自动测验仪器，修正值则预先编制成有关程序存于仪器中，测量时对误差进行自动修正，所得结果便是实际值。

2. 相对误差

绝对误差值的大小往往不能确切地反映被测量量的准确程度。例如，测 100V 电压时，$\Delta X_1 = +2\text{V}$，在测 10V 电压时，$\Delta X_2 = 0.5\text{V}$，虽然 $\Delta X_1 > \Delta X_2$，可实际上 ΔX_1 只占被测量量的 2%，而 ΔX_2 却占被测量量的 5%。显然，后者的误差对测量结果的影响相对较大。因此，工程上常采用相对误差来衡量测量结果的准确程度。

相对误差又分为实际相对误差、示值相对误差和引用（或满度）相对误差。

1) 实际相对误差

它是用绝对误差 ΔX 与被测量的实际值 A 的比值的百分数来表示的相对误差，记为
$$\gamma_A = \frac{\Delta X}{A} \times 100\% \tag{1-5}$$

2) 示值相对误差

它是用绝对误差 ΔX 与仪器给出值 X 之比的百分数来表示的相对误差，即
$$\gamma_X = \frac{\Delta X}{X} \times 100\% \tag{1-6}$$

3) 引用（或满度）相对误差

它是用绝对误差 ΔX 与仪器的满刻度值 X_m 之比的百分数来表示的相对误差，即
$$\gamma_m = \frac{\Delta X}{X_m} \times 100\% \tag{1-7}$$

电工仪表的准确度等级是由 γ_m 决定的，如 1.5 级的电表，表明 $\gamma_m \leq \pm 1.5\%$。我国电工仪表按引用相对误差值共分 7 级，即 0.1、0.2、0.5、1.0、1.5、2.5、5.0。若某仪表的等级是 S 级，它的满刻度值为 X_m，则测量的绝对误差为
$$\Delta X \leq X_m \times S\% \tag{1-8}$$

其引用相对误差为
$$\gamma_m = \frac{\Delta X}{X_m} \times S\% \tag{1-9}$$

由式(1-9)可知，由于测量值 X 总是满足 $X \leq X_m$ 的，可见当仪表等级 S 选定后，X 愈接近 X_m 时，引用（或满度）相对误差愈小，测量就愈准确。因此，当我们使用这类仪表进行测量时，一般应使被测量的值尽可能在仪表满刻度值的 1/2 以上。

三、测量结果的处理

测量结果通常用数字或图形表示，下面分别进行讨论。

1. 测量结果的数据处理

1) 有效数据

由于存在误差，所以测量数据总是近似值，它通常由可靠数字和欠准数字两部分组成。

例如,由电流表测得电流为12.6mA,这是个近似数,12是可靠数字,而末位6为欠准数字,这里12.6为3位有效数据,或称为3位有效位。有效数据或有效位对测量结果的科学表述极为重要。

对有效数据的正确表示,应注意以下几点。

(1)整数为"0",则小数点后面的"0"不是有效数据,如0.054A中小数点后面的"0"不是有效位,0.054A与54mA这两种写法均为2位有效数据。

(2)小数点后面的"0"不能随意省略。例如,24mA与24.00mA是有区别的,前者为2位有效数据,后者则是4位有效数据。

(3)对后面带"0"的大数目数据,不同写法其有效数据位数是不同的,如4000写成40×10^2,则有效数据为2位;如写成4×10^3,则有效数据为1位;如写成4000 ± 1,则有效数据就是4位。

2) 数据舍入规则

实验获得的数据,对于有效位数据后面的数据应进行取舍。为了使正、负取舍误差出现的机会大致相等,一般采用"小于5舍,大于5入,等于5时取偶数"的舍入规则。即有效位数据后面的数据大于5则舍去进1,小于5则舍去不进,恰好等于5(5之后没有数据或全为"0")则视5之前一位数据而定,5之前一位数据为偶数则舍去不进,5之前一位数据为奇数则舍去进1。

下面通过几个例子来体会以上的规则。设有效位为4位:

85.606 4   处理为85.61(64大于50,舍64进1),

5.626 24   处理为5.626(24小于50,舍24不进),

32.245 0   处理为32.24(5前一位数为偶数,舍50不进),

2.687 5   处理为2.688(5前一位数为奇数,舍5进1)。

3) 有效数据的运算规则

有效数据的运算,一般应遵循以下规则。

(1)加、减运算时,同一物理量先统一单位,然后统一精度,使各数据精度与精度最低的数据精度相同,最后进行运算。

[例1-1] $u_1=0.256\,6V$,$u_2=42.96mV$,$u_3=5.505mV$,求$u=u_1+u_2+u_3$。

解:

第一步 统一单位。

将单位统一到mV,则有

$u_1=256.6mV$,$u_2=42.96mV$,$u_3=5.505mV$。

第二步 统一精度。

由于u_1的精度最低,故统一到u_1的10^{-1}mV精度,即

$u_1=256.6mV$,$u_2=43.0mV$,$u_3=5.5mV$,

则 $u=u_1+u_2+u_3=256.6mV+43.0mV+5.5mV=305.1mV$。

(2)乘、除运算时,先统一有效数据,以有效位最少的数据为准,然后进行运算,运算结果的有效数据的位数应取舍成与运算前有效数据位数最少的相同。

[例1-2] 试计算 0.016、2.648 和 56.752 这 3 个数的乘积。

解：0.016 的有效位为 2 位，有效位最少，故其他各数的有效位统一为 2 位，即

$$2.648 \rightarrow 2.6$$
$$56.752 \rightarrow 57$$

所以题中 3 个数的乘积为

$$0.016 \times 2.6 \times 57 = 2.371\,2 \quad \rightarrow \quad 2.4 \text{（结果也为 2 位有效位）}。$$

(3) 将数平方或开方后，结果可比原数多一位有效位。

(4) 用对数进行运算时，n 位有效数据的数应用 n 位对数表示。

2. 测量结果的曲线处理

在分析两个（或多个）物理量之间的关系时，用曲线表示比用数字、公式表示常常更形象和直观。因此，常将测量结果用曲线来表示。在实际测量过程中，由于各种误差的影响，测量数据将出现离散现象，如将测量点直接连接起来，得到的将不是一条光滑的曲线，而是呈折线状（图 1-1）。但我们应用有关误差理论，可以把各种随机因素引起的曲线波动抹平，使其成为一条光滑均匀的曲线，这个过程称为曲线的修匀。

在要求不太高的测量中，常采用一种简便、可行的工程方法，即分组平均法来修匀曲线。这种方法是将各测量点分成若干组，每组含 2~4 个数据点，然后分别估取各组的几何重心，再将这些重心连接起来。图 1-2 就是每组取 2~4 个数据点进行平均后的修匀曲线。由于对这条曲线进行了测量点的平均，在一定程度上减少了偶然误差的影响，使之较为符合实际情况。

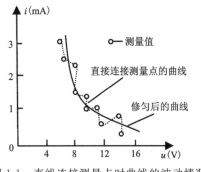

图 1-1 直线连接测量点时曲线的波动情况

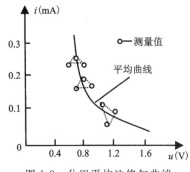

图 1-2 分组平均法修匀曲线

第四节 测量仪器的阻抗对测量结果的影响

如果没有合理的匹配，被测电路的输入或输出阻抗与测量仪器的输入或输出阻抗间将造成测量误差，下面作简单叙述。

一、测量仪器输入阻抗对电压测量的影响

以用示波器或数字电压表测量电压为例，电压测量电路如图 1-3 所示，设被测电路的输

出阻抗为 Z_s，被测电压为 $\dot{U}_s$。测量仪表（示波器或者数字电压表测量）输入阻抗为 Z_m，这时输入测量仪表的电压 $\dot{U}'$ 为

$$\dot{U}' = \frac{Z_m}{Z_m + Z_s}\dot{U}_s \tag{1-10}$$

由此可见，当 $Z_m \gg Z_s$ 时，$\dot{U}' \approx \dot{U}_s$，此时误差非常小。如果 $Z_m = Z_s$，$\dot{U}' = \dot{U}_s/2$，测量仪表得到的指示值为被测电压实际值的 1/2。因此，在测量电压时，必须要求测量仪器的输入阻抗比被测电路的输出阻抗大很多，特别是在被测电路的输出阻抗不确定时，就要求测量仪表的输入阻抗越大越好。

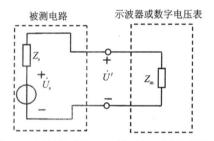

图 1-3　测量仪表输入阻抗对电压测量的影响

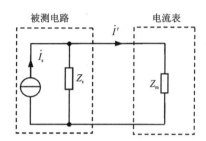

图 1-4　测量仪表输入阻抗对电流测量的影响

二、测量仪器输入阻抗对电流测量的影响

电流测量电路如图 1-4 所示，$\dot{I}_s$ 为被测量电流，Z_s 为被测量电路输出阻抗，Z_m 为电流表输入阻抗，流进电流表的电流测量值为 $\dot{I}'$，由测量电路可得

$$\dot{I}' = \frac{Z_s}{Z_s + Z_m}\dot{I}_s = \frac{\dot{I}_s}{1 + \dfrac{Z_m}{Z_s}} \tag{1-11}$$

由此可见，当 $Z_m \ll Z_s$ 时，$\dot{I}' \approx \dot{I}_s$，此时误差非常小。如果 $Z_m = Z_s$，$\dot{I}' = \dot{I}_s/2$，测量仪表得到的指示值为被测电流实际值的 1/2。因此，在测量电流时，必须要求测量仪器的输入阻抗比被测电路的输出阻抗小很多，特别是在被测电路的输出阻抗不确定时，就要求电流测量仪表的输入阻抗越小越好。

第五节　接　地

一、接地的含义

一般电路分析中的接地有两种含义。第一种含义是指接真正的大地，即与地球保持等电位，而且常常局限于所在实验室附近的大地。对于交流供电电网的地线，通常是指三相电力变压器的中线（又称零线），它在发电厂接大地。第二种含义是指接电子测量仪器、设备、被测电路等组成的测量系统的公共连接点。这个公共连接点通常与机壳直接连接在一起，或通过

一个大电容(有时还并联一个大电阻)与机壳相连。通过大电容与机壳连接,这在交流意义上也相当于与机壳短接。因此,至少在交流意义上,一个测量系统中的公共连接点,就是仪器或设备的机壳。

研究接地问题应包括两方面的内容,即保证实验者人身安全的安全接地和保证正常实验、抑制噪声的技术接地。

二、安全接地

绝大多数实验室所用的测量仪器和设备都由 50Hz、220V 的交流电网供电,供电线路的中线(零线)已经在发电厂用良导体接大地,相线(又称火线)则接入到用户。如果仪器或设备长期处于湿度较高的环境或长期受潮未烘烤、变压器质量低劣等,变压器的绝缘电阻就会明显下降,机壳可能带电,即发生漏电。通电后,如人体接触机壳就有可能触电。为了防止因漏电使仪器外壳电位升高,造成人身安全事故,应将仪器外壳接大地。比较安全的办法是采用三孔插座,如图 1-5 所示。图中,三孔插座中间较粗的插孔与实验室的地线(实验室的大地)相接,另外两个较细的插孔,一个接 220V 相线(火线),另一个接电网中线(零线)。由于大地电阻 R_d 的存在,电网零线与实验室大地之间存在沿线分布的大地电阻,因此不允许把电网零线与实验室大地相连。否则,在零线断开时,相线通过仪器内部线路和大地构成一个回路,会在大地电阻 R_d 上形成一个电位差,容易产生安全事故。同样道理,也不能用电网零线代替实验室地线,即不能将仪器机壳与电网零线相连接。

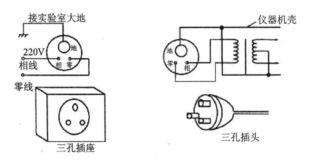

图 1-5 利用三孔插座进行安全接地

一般情况下,将实验室仪器机壳通过接地线与实验室大地相连接,如图 1-6 所示。接地线是将大的金属板或金属棒深埋在实验室附近的地下,并用撒食盐等办法来减小接地电阻,然后用粗导线与之焊牢再引入实验室,分别接入各电源插座的相应位置。

三孔插头中较粗的一根插头应与仪器或设备的机壳相连,另外两根较细的插头分别与仪器或设备的电源变压器的初级线圈的两端相连。利用如图 1-5 所示的电源插接方式,就可以保证仪器或设备的机壳始终与实验室大地处于同电位,从而避免触电事故。如果电子仪器或设备没有三孔插头,也可以用导线将仪器或设备的机壳与实验室大地相连。

三、技术接地

在电路分析实验中,由信号源、被测电路和测试仪器所构成的测试系统必须具有公共的

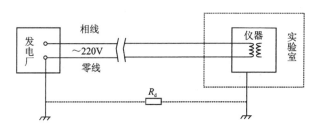

图 1-6 实验室仪器的接地方式

零电位线(即接地的第二种含义),被测电路、测量仪器的接地除了保证人身安全外,还可防止干扰或感应电压窜入测量系统(或测量仪器)形成相互间的干扰,以及消除人体操作的影响。

接地是使测量稳定、抑制外界的干扰、保证电子测量仪器和设备能正常工作所必需的。接地不良或接地不当,可能会产生实验者所不希望的结果。下面讨论几种接地不良或不当时对测量的影响。

1. 接地不良引入干扰

如图 1-7(a)所示为用晶体管毫伏表测量信号发生器输出电压,因未接地或接地不良引入干扰的示意图。

在图 1-7(a)中,C_1、C_2 分别为信号发生器和晶体管毫伏表的电源变压器初级线圈对各自机壳(地线)的分布电容,C_3、C_4 分别为信号发生器和晶体管毫伏表的机壳对大地的分布电容。由于图中晶体管毫伏表和信号发生器的地线没有相连,因此实际到达晶体管毫伏表输入端的电压为被测电压 U_x 与分布电容 C_3、C_4 所引入的 50Hz 干扰电压 e_{C_3}、e_{C_4} 之和,如图 1-7(b)所示。由于晶体管毫伏表的输入阻抗很高(兆欧级),故加到它上面的总电压可能很大而使毫伏表过负荷,表现为在小量程档表头指针超量程而打表。

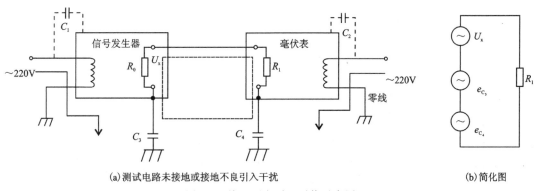

(a) 测试电路未接地或接地不良引入干扰　　　　(b) 简化图

图 1-7 接地不良引入干扰示意图

如果将图 1-7(a)中的晶体管毫伏表改为示波器,则会在示波器的显示屏上看到如图 1-8 所示的一个低频信号叠加一个高频信号干扰电压波形,图中干扰信号为 50Hz 的工频干扰噪声。

如果将图 1-7(a)中信号发生器和晶体管毫伏表的地线(机壳)连接在一起,或两地线(机壳)分别接大地,这时 C_3、C_4 被短接,干扰就可消除。因此,对高灵敏度、高输入阻抗的电子测量仪器应养成先接好地线再进行测量的习惯,即在实验中,应将各测试仪器仪表的地线(机壳)和测试电路的地线连接在一起。

在实验过程中,如果测量方法正确、被测电路和测量仪器的工作状态也正常,而得到的仪器读数却比预计值大得多或在示波器上看到如图1-8所示的信号波形,那么,这种现象很可能是地线接触不良造成的。

图1-8 示波器观察50Hz干扰信号波形

2. 仪器信号线与地线接反引入干扰

有的实验者认为,信号发生器输出的是交流信号,而交流信号可以不分正负,所以信号线与地线可以互换使用,其实不然。

如图1-9(a)所示为用示波器观测信号发生器的输出信号时,将两个仪器的信号线分别与对方的地线(机壳)相连,即两仪器不共地。C_1、C_2分别为两仪器的电源变压器的初级线圈对各自机壳的分布电容,C_3、C_4分别为两仪器的机壳对大地的分布电容。此电路可以简化为如图1-9(b)所示的电路。在图1-9(b)中e_{C_3}、e_{C_4}分别为分布电容C_3、C_4所引入的50Hz工频干扰,如果信号源输出电阻R_0不为零,e_{C_3}、e_{C_4}就会在信号源的输出电阻上产生一定的压降,这时在示波器显示屏上同样可以看到与图1-8所示相似的叠加有50Hz干扰噪声的测试波形,只不过这时工频干扰的幅度比上一种情况要小得多。

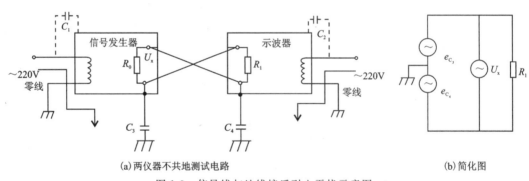

(a) 两仪器不共地测试电路　　　　　　　　　　　　(b) 简化图

图1-9 信号线与地线接反引入干扰示意图

如果将信号发生器和示波器的地线(机壳)相连或两地线(机壳)分别与实验室的大地相接,那么,在示波器的荧光屏上就观测不到任何信号波形,信号发生器的输出端被短路。

3. 高输入阻抗仪表输入端开路引入干扰

以示波器为例来说明这个问题。如图1-10(a)所示为示波器开路时的等效电路,C_1、C_2分别为示波器输入端对电源变压器初级线圈和大地的分布电容,C_3、C_4分别为机壳对电源变压器初级线圈和大地的分布电容,R_i、C_i分别为示波器的输入电阻和输入电容。此电路可进一步简化为如图1-10(b)所示电路,可见,4个分布电容构成一个电桥电路,当$C_1 C_4 = C_2 C_3$时,电桥平衡,示波器输入端没有工频干扰电压。但是,对于分布参数来说,一般不可能满足$C_1 C_4 = C_2 C_3$,因此示波器的输入端会有工频干扰电压加入,显示屏上就有50Hz交流电压信号显示。

如果将示波器换成晶体管毫伏表,毫伏表的指针会指示出干扰电压的大小。正是由于这个原因,毫伏表在使用完毕后,必须将其量程旋钮置到3V以上档位,并使输入端短路,否则一开机,毫伏表的指针就会出现打表现象。

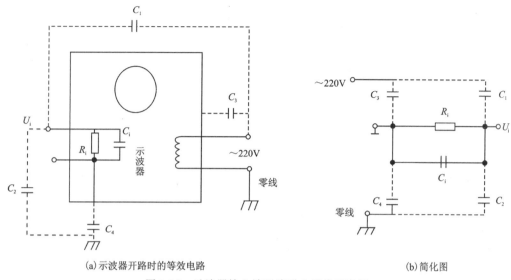

(a) 示波器开路时的等效电路   (b) 简化图

图 1-10　示波器输入端开路引入干扰示意图

4. 接地不当导致被测电路短路

接地不当导致被测电路短路的问题在使用双踪示波器时尤其需要注意。图 1-11 所示为利用双踪示波器测量两路信号的等效电路。图中由于双踪示波器两路输入端的地线都是与机壳相连的,因此,在测试中,如果接地不当,就会导致被测信号短路。在图 1-11(a)中,示波器的通道一(CH1)的地线与被测电路的地线连接在一起,即共地,连接方式是正确的;而示波器通道二(CH2)的信号线与被测电路地线相连,通道二地线却与被测电路信号线相连,连接方式是错误的,这样就使得第二路观测信号通过示波器机壳和通道一地线连接到了被测电路的接地点,导致第二路被测信号短路。同样,在图 1-11(b)测试电路中,示波器通道二(CH2)的地线与被测电路的地线连接在一起,连接方式是正确的,而示波器的通道一(CH1)的连接方式是错误的,会引起第一路被测电路的短路。

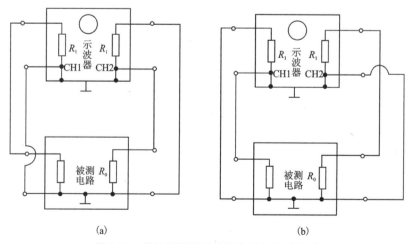

(a)　　　　　　　　　　　(b)

图 1-11　接地不当导致被测电路短路示意图

在测量放大器的放大倍数或观察其输入、输出波形关系时,也要保证放大器、信号发生器、晶体管毫伏表以及示波器实行共地测量,以此来减小测量误差与干扰。

第六节　实验报告撰写

撰写实验报告是培养科学实验基本技能的重要环节,也是对工程技术人员的一项基本训练。撰写实验报告的过程本身就是一个从理论到实践,再从实践到理论的认识总结过程。因此,一定要对实验结果进行认真的整理,对实验过程中出现的问题、存在的数据误差要从理论上认真分析原因,对实验课题中的思考题进行认真的解答,按照实验报告的规范完成好实验报告的撰写。

实验报告的基本要求是结论正确、分析合理、讨论深入、文理通顺、简明扼要、符号标准、字迹端正、图表清晰。

根据电路分析实验类型的不同,实验报告的重点也不一样。

1. 观察类实验报告的内容及要求

观察类实验报告应包括以下几个部分。

(1)封面,包括实验名称、实验者的班级和姓名、实验日期等。

(2)实验的目的和要求。

(3)实验电路、测试电路和实验的工作原理。

(4)实验用的仪器(名称、型号、数量)及主要工具。

(5)实验的具体步骤、实验前的初步预算结果或者初步估计波形。

(6)实验原始数据及实验过程的详细情况记录,实验结果和分析。必要时,应对实验结果进行误差分析。

(7)实验小结,总结实验完成情况,对实验方案和实验结果进行讨论,对实验中遇到的问题进行分析,简单叙述实验的收获和体会。

(8)参考文献。记录实验前、后阅读的有关文献和资料。应记录文献或资料的名称、作者和相关内容,为今后查阅提供方便。

2. 设计类实验报告的内容及要求

设计类实验是指根据设计任务、要求和条件,选择合适的方案,确定电路的总体组成框图,在此基础上对各单元电路进行设计、组装、调试和联调,并不断修改电路和元件参数,最后得到满足技术指标和功能要求的完整电路的实验。

一个好的电路设计除了完全满足性能指标和功能要求外,还要求电路简单可靠,系统集成度高,电磁兼容性好,性价比高,系统的功耗小,安装调试方便。

设计类实验不同于观察类实验,它主要是训练学生根据课题要求综合运用理论知识,解决实际问题的能力。设计类实验报告的内容要求如下。

(1)封面,包括实验名称、实验者的班级和姓名、实验日期等。

(2)摘要,包括简要介绍设计课题的目标、设计方案和特点以及指标完成情况等。

(3)设计要求及主要技术指标。

(4)实验用的仪器(名称、型号、数量)及主要工具。

(5)正文,包括引言和方案设计。引言应说明本课题设计的目的、意义以及应达到的技术要求。方案设计的内容如下。

①方案选择。可简要写出为实现题目的要求可以考虑的几种(3 种及以上)解决方案。各方案最好画出硬件框图、软件流程图,并概括方案的特点。

②方案确定。比较上述各方案特点及题目要求、工作条件,选择其中一种方案,并详细说明选择该方案的理由。

③方案论证。详细说明该方案的工作原理及与题目要求相对应的各项技术保证,即方案中哪部分能保证实现题目中哪一条要求。

④总体设计。根据题目要求,把技术指标分配到方框图或主流程图中各部分,即各单元电路或程序模块中。设计各单元之间的匹配关系对各单元的技术要求。

⑤单元电路(或软件模块)设计。根据总体要求中对各单元电路(或软件模块)的要求设计各单元电路(或软件模块)。最好在几种方案中选择一种,并论述选择各元器件的理由,设计(计算)元器件的参数,如电阻、电容值、功率、类型、型号等。

⑥单元电路测试。根据总体设计对各单元电路的要求,实测该单元电路的对应指标。用表格的形式列出实测数据及实测时所用仪器设备的名称、型号。有些数据最好能画出实测曲线。要求数据、曲线必须真实。

⑦整机联调与测试。主要包括测试方案及测量方法,画出测试原理图,记录整理实验数据;根据实验数据,进行必要的计算,列出表格或曲线;说明在单元电路和整机调试中出现的主要故障和解决的方法;绘出完整电路原理图,并标明调试后的各元件参数。注意:有些数据最好能画出实测曲线,且要求数据、曲线必须真实。

⑧结论。说明对题目要求的实现情况;进行结果分析(如误差分析),并指出本设计的不足之处及改进设想;可对设计、调试、测试过程中所遇到的问题进行研究。

⑨附录。可包括整体电路图、软件程序代码清单等。

3. 实验报告的排版及参考格式

为了规范,对实验报告提出以下要求。

(1)一律用 A4 纸纵向打印,全文用 Word 排版。

(2)电路图一律用 Protel、Word、Visio、EWB 或 Proteus 等软件工具画出,各种图、符号、标识、数字清楚。

(3)正文字体用宋体,报告的题目用三号黑体字,标题用四号宋体字,图表标号以及名称用五号宋体字,大小标题可用粗体。

(4)全文要求语言流畅、科学、严谨、精练,无错别字。

(5)字数不做要求,但不得过于简单或过于烦冗。

(6)图表清晰、美观、整洁,必须有图表标号(按 1-1,1-2……格式)及名称。图标号位于该图下方,表标号位于该表上方。

(7)文中所用的符号、缩略词、制图规范和计量单位,必须遵照国家规定的标准或本学科通用标准。作者自己拟订的符号、记号、缩略词均应在第一次出现时加以说明。

(8)页码编排:正文直到参考文献用阿拉伯数字(1、2、3…)编页码顺序。

(9)参考文献书写规范。列出在编写本设计过程中曾取材或参考的资料。

期刊文献:作者,年份.文章题目[J].刊名,卷(期):引用页码.

图书文献:作者,年份.书名[M].版次(初版不注版次).出版地:出版单位.

网络文献:网址、日期、栏目名称.

注:中译本前要加国别,更多类型的参考文献格式详见中华人民共和国国家标准《信息与文献 参考文献著录规则》(GB/T 7714—2015)。

第二章　电路分析实验的常用仪器

第一节　数字万用表

数字万用表(图 2-1)的基础功能只有 4 种,即测通断、测电阻、测电容、测电压电流(有些数字万用表还有测量晶体管的功能,这不属于普遍功能,本书不作介绍)。其中电压电流又可分为直流电压、交流电压和直流电流、交流电流,如此一来,我们得到了数字万用表的 6 种功能,体现在其表盘上就是 6 个功能区。这 6 个功能区中,除了测通断只有一个档位以外,其余 5 个功能区都分成了多个数值。在测量时,这些数值应该怎么选呢？如果选择的档位小于实际测量值,则有可能烧毁万用表;但是档位越大,测得的数值就越不精准。如果无法估算数值,则应该调到功能区最大的一个数值进行测量,将所得数值作为估算结果,重新进行档位选择和测量。

1. 表笔的接法

数字万用表的表笔插孔一般有 3 个或 4 个,两根表笔分别应该插到哪个插孔里呢？黑色表笔,永远插在 COM 插孔中。红色表笔,按照测量内容不同,所插入的插孔也不同,如测量大电流(大于或等于 20A)时,无论是交流电还是直流电,红色表笔都应该插到"20A"插孔中(看插孔旁边的标识)。3 个表笔插孔的数字万用表,在测量除了大电流以外的所有内容时,都将红色表笔插入最后一个插孔(3

图 2-1　数字万用表以及表笔

个插孔分别是 COM 孔、20A 孔和 VΩmA 孔)。4 个表笔插孔的数字万用表,将 VΩ 和 mA 孔分开了,此时测量小电流时,红色表笔插入 mA 孔。测量电压、电阻和通断时,红色表笔插入 VΩ 孔。

2. 数值的选择

选择具体档位时,要分 3 步:第一,确认测量内容是交流还是直流,要测电压还是电流;第二,估算测量数值,如家庭电路电压应在 220V 左右;第三,选择档位,选择距离估算数值最近且大于估算数值的档位,如家庭电路估算值为 220V,应选择交流电压区域数字大于 220V,且距离 220V 最近的档位。

3. 使用注意事项

(1)如果无法预先估计被测电压或电流的大小,则应先拨至最高量程档测量一次,再视情况逐渐把量程减小到合适位置。测量完毕,应将量程开关拨到最高电压档,并关闭电源。

(2)满量程时,仪表仅在最高位显示数字"1",其他位均消失,这时应选择更高的量程。

(3)测量电压时,应将数字万用表与被测电路并联;测电流时,应将数字万用表与被测电路串联。测交流量时不必考虑正、负极性。

(4)当误用交流电压档去测量直流电压,或者误用直流电压档去测量交流电压时,显示屏将显示"000",或低位上的数字出现跳动。

(5)禁止在测量高电压(220V 以上)或大电流(0.5A 以上)时换量程,以防止产生电弧,烧毁开关触点。

(6)当显示" ""BATT"或"LOW BAT"时,表示电池电压低于工作电压。

第二节　示波器

示波器是电子测量中最常用的一种电子仪器,可以用来测试和分析时域信号,由信号波形显示部分、垂直信道(Y 通道)、水平信道(X 通道)三部分组成。

示波器必须有 X、Y 轴输入才能显示出波形。假如没有 X 轴输入,光 Y 轴输入,显示的就是一条垂直的直线;如果没有 Y 轴输入,光有 X 轴输入,显示的就是一条水平线。

在看一个波形时,将信号送入 Y 轴输入,这时 X 轴是接仪表内的一个锯齿波发生器,输入的是锯齿波电压且用外接 Y 轴信号来进行同步的,即锯齿波的频率是 Y 轴信号的整数分之一。锯齿波提供一个代表时间的横坐标,每扫描一次,即光点自左向右匀速地走一次(这是用锯齿波电压的原因,让光点在水平方向是匀速地移动),在 Y 轴上会有整数个输入信号的波形显示出来。如果锯齿波与输入信号不同步,就不会得到整数个波形的显示,且显示的波形是不稳定的,无法看清。

看 Y 轴上信号的波形时,X 轴上是不需要输入信号的,它会接到扫描信号,即锯齿波发生器上。只有比较两个信号的频率是否同步等测试时,才可以在 Y、X 轴上分别输入信号。在 X 轴与 Y 轴都输入锯齿波的电流,即 Y 轴是场(帧)扫描电流,X 轴是行扫描电流,形成一个固定的光栅,且必须分别用电视信号中的行、场同步信号来同步,否则显示图像是不稳定地翻滚着的。再用输入的图像信号调节显像管的发射电流大小,显出图像。

示波器的垂直通道:被测信号通常加在垂直通道上,经过输入电路、前置放大电路、延迟线和 Y 输出放大器加在示波管的 Y 偏转板上。Y 通道具有输入阻抗高、增益稳定、放大线性好、频带宽、输出对称等特点。为测试不同电平的信号,扩展测试范围,在输入电路中要设置衰减器,用偏转灵敏度(V/div)旋钮调节。

示波器的水平通道:水平通道的作用通常是为示波管 X 偏转板提供锯齿波扫描信号,也可以用来放大直接输入的信号。因此示波器的水平通道主要由扫描发生器、触发电路和 X 放大器组成。为使扫描信号与被测信号同频、稳定,通常用输入信号或与其同步的信号作为触发信号。示波器的使用方法,接通电源后把有关旋钮、开关置于以下位置:①辉度适当,一般居中;②Y 位移和 X 位移居中;③Y 垂直工作方式开关置 Y1 或 Y2;④Y 输入方式置 DC;⑤扫描方式选择"自动"并按入;⑥扫描时间因数旋钮置于 1ms/div~50s/div;⑦在荧光屏上观察到扫描线后,再反复调节有关旋钮和聚焦旋钮,使荧光屏上的基线位置适当聚焦良好;⑧将Y输入置于DC位置,适当设置V/div和ms/div,用探头测试机内的校正信号(方波),如果要进行定量测试,扫描时间微调、垂直偏转微调均应顺时针旋转到校准位置。

第三节　函数发生器

函数发生器是一种多波形的信号源。它可以产生正弦波、方波、三角波波形。有的函数发生器还具有调制的功能,可以进行调幅、调频、调相、脉宽调制和VCO控制,频率范围可从几赫兹到几十兆赫兹。除供通信、仪表和自动控制系统测试用外,还广泛用于其他非电测量领域,往往作为信号源使用。

函数发生器有不同设备,但是使用步骤基本如下。

(1) 开启电源,开关指示灯显示。

(2) 选择合适的信号输出形式(方波、三角波或正弦波)。

(3) 选择所需信号的频率范围,按下相应的档级开关,适当调节微调器,此时微调器所指示数据同档级数据倍乘即为实际输出信号频率。

(4) 调节信号的功率幅度,适当选择衰减档级开关,从而获得所需功率的信号。

(5) 从输出接线柱分清正负连接信号输出插线。

第四节　电子元器件概述

电子元器件是电子元件和小型的机器、仪器的组成部分,本身常由若干零件构成,可以在同类产品中通用;常指电器、无线电、仪表等工业的某些零件,如电容、晶体管、二极管等。

电子元器件包括电阻、电容器、电位器、电子管、散热器、机电元件、连接器、半导体分立器件、电声器件、激光器件、电子显示器件、光电器件、传感器、电源、开关、微特电机、电子变压器、继电器、印制电路板、集成电路、各类电路、压电、晶体、石英、陶瓷磁性材料、印刷电路用基材基板、电子功能工艺专用材料、电子胶(带)制品、电子化学材料及部品等。

一、电阻

电阻在电路中用"R"加数字表示,如R13表示编号为13的电阻。电阻在电路中的主要作用为分流、限流、分压、偏置、滤波(与电容器组合使用)和阻抗匹配等。

1. 电阻的符号

电阻的单位为欧姆(Ω),倍率单位有千欧($k\Omega$)、兆欧($M\Omega$)等。换算方法是:$1M\Omega=1000k\Omega=1\ 000\ 000\Omega$。电阻的参数标注方法有3种,即直标法、数标法和色标法。

直标法是把元件的主要参数直接印刷在元件的表面上,它主要用于功率比较大的电阻。例如电阻表面上印有RXYC-50-T-1k5±10%,其含义是耐潮被釉线绕可调电阻,额定功率为50W,阻值为1.5kΩ,允许误差为±10%。

数标法主要用于贴片等小体积的电路,如103表示10后面加3个0,即10k(图2-2)。

色标法使用最多,碳质电阻和一些 1/8 瓦碳膜电阻的阻值和误差用色环表示。在电阻上有三道、四道或五道色环。靠近电阻端的是第一道色环,其余顺次是二、三、四、五道色环,如图 2-3 所示。

图 2-2 贴片电阻识别

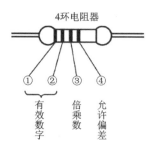

图 2-3 色环电阻的表示

色环电阻的表示方法:第一道色环表示阻值的最大一位数字,第二道色环表示第二位数字,第三道色环表示阻值末应该有几个零,第四道色环表示阻值的误差。色环颜色所代表的数字或者意义见表 2-1。

表 2-1 色环颜色代表的数字和意义

色别	第一道色环最大一位数字	第二道色环第二位数字	第三道色环应乘的数	第四道色环误差
棕	1	1	10	±1%
红	2	2	100	±2%
橙	3	3	1000	—
黄	4	4	10 000	—
绿	5	5	100 000	±0.5%
蓝	6	6	1 000 000	±0.25%
紫	7	7	10 000 000	±0.1%
灰	8	8	100 000 000	—
白	9	9	1 000 000 000	—
黑	0	0	1	—
金			0.1	±5%
银			0.01	±10%
无色				±20%

例如有一个碳质电阻,如图 2-4 所示,它有四道色环,顺序是红、黑、红、金,这个电阻的阻值就是 2000Ω,误差是 ±5%。

又如有一个碳质电阻,它有棕、绿、黑三道色环,它的阻值是 15Ω,误差是 ±20%。

色环电阻是应用于各种电子设备最多的电阻类型,无论怎样安装,维修者都能方便地读出其阻值,便于检测和更换。但在实践中发现,有些色环电阻的排列顺序不甚分明,往往容易读错,在识别时,可运用如下技巧加以判断。

技巧1:先找标志误差的色环,从而排定色环顺序。最常用的表示电阻误差的颜色是金、银、棕,尤其是金环和银环,基本很少用作电阻色环的第一环,所以在电阻上只要有金环和银环,就可以基本认定这是色环电阻的最末一环。

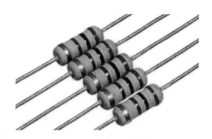

图 2-4 四道色环碳质电阻

技巧2:判别棕色环是否为误差标志。棕色环既常用作误差环,又常用作有效数字环,且常常在第一环和最末一环中同时出现,使人很难识别谁是第一环。在实践中,可以按照色环之间的间隔加以判别,如对于一个五道色环的电阻而言,第五环和第四环之间的间隔比第一环和第二环之间的间隔要宽一些,据此可判定色环的排列顺序。

技巧3:在仅靠色环间距还无法判定色环顺序的情况下,还可以利用电阻的生产序列值来加以判别。例如有一个电阻的色环读序是棕、黑、黑、黄、棕,其值为 $100×10\,000=1\mathrm{M}\Omega$,误差为 1%,属于正常的电阻系列值,若是反顺序读棕、黄、黑、黑、棕,则其值为 $140×1\Omega=140\Omega$,误差为 1%。显然按照后一种排序所读出的电阻值,在电阻的生产系列中是没有的,故后一种色环顺序是不对的。

2. 电阻使用注意事项

(1)电阻在使用前,应对电阻的阻值及外观进行检查,将不合格的电阻剔除掉,以防电路存在隐患。

(2)电阻安装前应先对引线挂锡,以确保焊接的牢固性。电阻安装时,电阻的引线不要从根部打弯,以防折断。较大功率的电阻应采用支架或螺钉固定,以防松动造成短路。电阻焊接时动作要快,不要使电阻长期受热,以防引起阻值变化。电阻安装时,应将标记向上或向外,以便于检查及维修。

(3)电阻的功率大于 10 W 时,应保证有散热的空间。

(4)存放和使用电阻时,都应保证电阻外表漆膜的完整,以免降低它们的防潮性。

二、电容

1. 电容的符号以及组成

电容在电路中一般用"C"加数字表示,如 C223 表示编号为 223 的电容。电容是由两片金属膜紧靠,中间用绝缘材料隔开而组成的元件。电容的主要特性是隔直流通交流。

电容容量的大小就是能储存电能的大小,电容对交流信号的阻碍作用称为容抗,它与交流信号的频率和电容量有关。

容抗 $X_C=1/(2\pi fC)$(其中,f 表示交流信号的频率,C 表示电容容量)。

电话机中常用电容的种类有电解电容、瓷片电容、贴片电容、独石电容、钽电容和涤纶电容等。

2. 电容识别方法

电容的识别方法与电阻的识别方法基本相同,分直标法、色标法和数标法 3 种。电容的基本单位用法拉(F)表示,其他单位还有毫法(mF)、微法(μF)、纳法(nF)、皮法(pF)。

其中:$1F=1\times10^{3}mF=1\times10^{6}\mu F=1\times10^{9}nF=1\times10^{12}pF$。容量大的电容其容量值在电容上直接标明,如$10\mu F/16V$;容量小的电容其容量值在电容上用字母表示或数字表示,如 10 000pF 表示为 103。

字母表示法:$1mF=1000\mu F$;$1P2=1.2pF$;$1nF=1000pF$。

数字表示法:一般用三位数字表示容量大小,前两位表示有效数字,第三位数字是倍率。例如 102 表示 10 后面增加 2 个 0,$102pF=1000pF$;224 表示 22 后面增加 4 个 0。

3. 电容容量误差表

电容容量误差也用不同的符号表示。表 2-2 是电容容量误差表,如电容值中后面的符号是 J,则该电容的容量误差为±5%。例如一瓷片电容为 104J 表示容量为 $0.1\mu F$,误差为±5%。

表 2-2 电容容量误差表

符号	F	G	J	K	L	M
允许误差	±1%	±2%	±5%	±10%	±15%	±20%

4. 故障特点

在实际维修中,电容器的故障主要表现为:①引脚腐蚀致断的开路故障;②脱焊和虚焊的开路故障;③漏液后造成容量小或开路故障;④漏电、严重漏电和击穿故障。

5. 电容器的使用方法及注意事项

(1)在电容器使用之前,应对电容器的质量进行检查,以防不符合要求的电容器装入电路。

(2)在元件安装时,应使电容器远离热源,否则会使电容器因温度过高而过早老化。在安装小容量电容器及高频回路的电容器时,应采用支架将电容器托起,以减少分布电容对电路的影响。

(3)将电解电容器装入电路时,一定要注意它的极性不可接反,否则会造成漏电流大幅度的上升,使电容器很快发热而损坏。

(4)焊接电容器的时间不宜太长,因为时间过长,焊接温度会通过电极引脚传到电容器的内部介质上,从而使介质的性能发生变化。

(5)电解电容器经长期储存后需要使用时,不可直接加上额定电压,否则会有爆炸的危险。正确的使用方法是:先加较小的工作电压,再逐渐升高电压直到额定电压,并在此电压下保持一个不太长的时间,然后再投入使用。

(6)在电路中安装电容器时,应使电容器的标志安装在易于观察的位置,以便核对和维修。

(7)电容器并联使用时,其总的电容量等于各容量的总和,但应注意电容器并联后的工作电压不能超过其中最低的额定电压。

(8)电容器的串联可以增加耐压。如果两只容量相同的电容器串联,其总耐压可以增加1倍;如果两只容量不等的电容器串联,电容量小的电容器所承受的电压要高于电容量大的电容器。

(9)有极性的电解电容器不允许在负压下使用,若超过此规定时,应选用无极性的电解电容器或将两个同样规格的电容器的负极相连,两个正极分别接在电路中,此时实际的电容量为两个电容器串联后的等效电容量。

(10)当电解电容器在较宽频带内作滤波或旁路使用时,为改变高频特性,可为电解电容器并联一只小容量的电容器,它可以起到旁路电解电容器的作用。

三、晶体二极管

晶体二极管在电路中常用"D"加数字表示,如 D7 表示编号为 7 的晶体二极管,如图 2-5 所示。

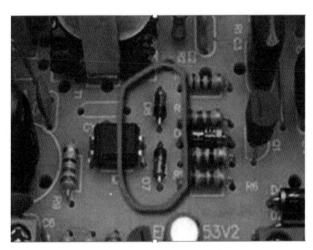

图 2-5　晶体二极管在电路中的表示方法

1. 晶体二极管的作用

晶体二极管的主要特性是单向导电性,也就是在正向电压的作用下,导通电阻很小,而在反向电压作用下导通电阻极大或无穷大。正因为二极管具有上述特性,无绳电话机中常把它用在整流、隔离、稳压、极性保护、编码控制、调频调制和静噪等电路中。

晶体二极管按作用可分为整流二极管(如 1N4004)、隔离二极管(如 1N4148)、肖特基二极管(如 BAT85)、发光二极管、稳压二极管等。

2. 晶体二极管的识别方法

晶体二极管的识别很简单,小功率二极管的 N 极(负极),在二极管外表大多采用一种色圈标出来,有些二极管也用二极管专用符号来表示 P 极(正极)或 N 极(负极),也有用符号标志为"P""N"来确定二极管极性的。发光二极管的正负极可通过引脚长短来识别,长脚为正,短脚为负。

3. 晶体二极管测试注意事项

用数字万用表测二极管时,红表笔接二极管的正极,黑表笔接二极管的负极,此时测得的阻值才是二极管的正向导通阻值,这与指针式万用表的表笔接法刚好相反。

几乎在所有的电子电路中,都要用到晶体二极管,它在许多的电路中起着重要的作用,它是诞生最早的半导体器件之一,应用非常广泛。

4. 晶体二极管使用常识

1) 用于整流电路的二极管

用于整流电路的二极管,最重要的参数是最高反向工作电压和最大工作电流的容量。例如,在电压为 50V 的电路中使用最高反向工作电压为 30V 的二极管,或在电流为 500mA 左右的电路中使用最大工作电流为 100mA 的二极管,通电后二极管会立即烧毁。一般根据电路要求,选容量为电压或电流容量 2 倍以上的二极管即可。对于小功率整流二极管,通常宜选用面接触型二极管,如 2CP1~2CP6,2CP10~2CP20,2CP1A~2CP1H 等型号。

2) 用于检波电路的二极管

虽然检波和整流的原理基本是一样的,但检波二极管的作用是在高频工作状态下,从被调制波中取出信号成分(包络线),因此选用时主要考虑工作频率高、反向电流小的二极管,这样的二极管检波效率高。

3) 正确安装二极管

一般小功率二极管的安装方式有两种,一种是立式安装,另一种是卧式安装,可视电路板空间大小来选择。在弯折管脚时要格外注意正确操作,一定不要采用直角弯折,而要弯成一定的弧度,且用力要均匀,防止将二极管的玻璃封装壳体撬碎,造成二极管报废。

4) 正确焊接二极管

小功率二极管的管脚并不是纯铜材料制成的,焊接时一定要注意防止虚焊。特别是经过长时间存放的二极管,其管脚氧化发黑,必须先用刀子刮干净,并预先吃锡,然后再往电路板上焊,以确保焊接质量。

5. 二极管的工作原理

晶体二极管有一个由 P 型半导体和 N 型半导体形成的 PN 结,在其界面处两侧形成空间电荷层,并建有自建电场。当不存在外加电压时,由于 PN 结两边载流子浓度差引起的扩散电流和自建电场引起的漂移电流相等而处于电平衡状态。

当外界有正向电压偏置时,外界电场和自建电场的互相抑消作用使载流子的扩散电流增加引起正向电流。

当外界有反向电压偏置时,外界电场和自建电场进一步加强,形成在一定反向电压范围内与反向偏置电压值无关的反向饱和电流 I_0。

当外加的反向电压高到一定程度时,PN 结空间电荷层中的电场强度达到临界值产生载流子的倍增过程,形成大量电子空穴对,并产生数值很大的反向击穿电流,这种现象称为二极管的击穿。

6. 二极管的类型

二极管种类有很多,按照所用的半导体材料,可分为锗二极管(Ge 管)和硅二极管(Si 管);

根据其不同用途,可分为检波二极管、整流二极管、稳压二极管、开关二极管等;按照管芯结构,又可分为点接触型二极管、面接触型二极管和平面型二极管。

点接触型二极管的 PN 结是用一根很细的金属丝压在光洁的半导体晶片表面,通以脉冲电流,使触丝一端与晶片牢固地烧结在一起形成的。由于是点接触,只允许通过较小的电流(不超过几十毫安),适用于高频小电流电路,如收音机的检波等。

面接触型二极管的 PN 结面积较大,允许通过较大的电流(几安到几十安),主要用于把交流电变换成直流电的整流电路中。

平面型二极管是一种特制的硅二极管,它不仅能通过较大的电流,而且性能稳定可靠,多用于开关、脉冲及高频电路中。

7. 二极管的导电特性

二极管最重要的特性就是单方向导电性。在电路中,电流只能从二极管的正极流入,负极流出。下面通过简单的实验说明二极管的正向特性和反向特性。

1)正向特性

在电子电路中,将二极管的正极接在高电位端,负极接在低电位端,二极管就会导通,这种连接方式称为正向偏置。必须说明,当加在二极管两端的正向电压很小时,二极管仍然不能导通,流过二极管的正向电流十分微弱。只有当正向电压达到某一数值(这一数值称为门槛电压,Ge 管约为 0.2V,Si 管约为 0.6V)以后,二极管才能真正导通。导通后二极管两端的电压基本上保持不变(Ge 管约为 0.3V,Si 管约为 0.7V),称为二极管的正向压降。

2)反向特性

在电子电路中,二极管的正极接在低电位端,负极接在高电位端,此时二极管中几乎没有电流流过,二极管处于截止状态,这种连接方式称为反向偏置。二极管处于反向偏置时,仍然会有微弱的反向电流流过二极管,称为漏电流。当二极管两端的反向电压增大到某一数值,反向电流会急剧增大,二极管将失去单方向导电特性,这种现象称为二极管的击穿。

8. 二极管的主要参数

用来表示二极管的性能好坏和适用范围的技术指标,称为二极管的参数。不同类型的二极管有不同的特性参数。对初学者而言,必须了解以下几个主要参数。

(1)额定正向工作电流。它是指二极管长期连续工作时允许通过的最大正向电流值。因为电流通过二极管时会使管芯发热,温度上升,超过容许限度时(Si 管为 140℃左右,Ge 管为 90℃左右),就会使管芯过热而损坏。所以,使用二极管时不要超过二极管额定正向工作电流值。例如,常用的 IN4001-4007 型 Ge 管的额定正向工作电流为 1A。

(2)最高反向工作电压。当加在二极管两端的反向电压高到一定值时,会将二极管击穿,失去单方向导电能力,这个值即为最高反向工作电压。为保证使用安全,规定了最高反向工作电压值。例如,IN4001 二极管最高反向工作电压值为 50V,IN4007 二极管最高反向工作电压值为 1000V。

(3)反向电流。它是指二极管在规定的温度和最高反向工作电压作用下,流过二极管的反向电流。反向电流越小,二极管的单方向导电性能越好。值得注意的是,反向电流与温度有着密切的关系,温度大约每升高 10℃,反向电流增大 1 倍。例如 2AP1 型锗二极管,在 25℃

时反向电流若为 250μA,当温度升高到 35℃时,反向电流将上升到 500μA,依此类推,在 75℃时,它的反向电流已达 8mA,不仅失去了单方向导电特性,还会使二极管过热而损坏。又如 2CP10 型硅二极管,25℃时反向电流仅为 5μA,温度升高到 75℃时,反向电流为 160μA。故硅二极管比锗二极管在高温下具有更好的稳定性。

9. 测试二极管的好坏

初学者在业余条件下可以使用万用表测试二极管性能的好坏。测试前先把万用表的转换开关拨到欧姆档的 RX1K 档位(注意不要使用 RX1 档,以免电流过大烧坏二极管),再将红、黑两根表笔短路,进行欧姆调零。

(1)正向特性测试。把万用表的黑表笔(表内正极)搭触二极管的正极,红表笔(表内负极)搭触二极管的负极。若表针不摆到 0 值而是停在标度盘的中间,这时的阻值就是二极管的正向电阻,一般正向电阻越小越好。若正向电阻为 0 值,说明管芯短路损坏;若正向电阻接近无穷大值,说明管芯断路。短路和断路的二极管都不能使用。

(2)反向特性测试。把万用表的红表笔搭触二极管的正极,黑表笔搭触二极管的负极,若表针指在无穷大值或接近无穷大值,二极管就是合格的。

四、电感

电感在电路中常用"L"加数字表示,如 L3 表示编号为 3 的电感。

电路板上的电感器如图 2-6 所示。

图 2-6 电路板上的电感器

电感线圈是将绝缘的导线在绝缘的骨架上绕一定的圈数制成的。直流信号可通过线圈,直流电阻就是导线本身的电阻,压降很小;当交流信号通过线圈时,线圈两端将会产生自感电动势,自感电动势的方向与外加电压的方向相反,阻碍交流的通过。所以电感的特性是通直流阻交流,频率越高,线圈阻抗越大。电感在电路中可与电容组成振荡电路。

电感一般有直标法和色标法,色标法与电阻类似,如棕、黑、金、金表示 1μH(误差 5%)的电感。

电感的基本单位为亨(H),换算单位有 $1H = 1 \times 10^3 mH = 1 \times 10^6 \mu H$。

电感使用常识如下:

(1)电感量受温度影响。贴片电感器(SMD)因为环境温度变化1℃所产生电感量的变化$\Delta L/\Delta t$ 与原有电感量 L 值的比值为电感温度系数 $a1$,$a1 = \Delta L/(L \times \Delta t)$。电感量的稳定性除受电感温度系数的影响外,还受机械振动和时效老化的影响。

(2)在低频时,贴片电感一般呈现电感特性,即只起蓄能、滤高频的特性。但在高频时,它的阻抗特性表现得很明显,有耗能发热、感性效应降低等现象。不同电感的高频特性不一样。

(3)贴片电感设计时要考虑承受的最大电流,因此要考虑相应的发热情况。

(4)注意导线(漆包线、纱包或裸导线),常用的是漆包线,但也要找出最适合的线径。

(5)焊盘或针脚是选购和使用电感线圈不可忽视的重要方面,主要考核其拉力、扭力、耐焊接热和可焊性试验等,以保证焊接的可靠性。对于贴片电感一定要严格按设计的焊盘尺寸选购;带针脚的电感,一般无严格规定,立式、卧式可互换,只是因印制电路板(printed circuit board,PCB)安装位置受限制而需指定品种。

(6)额定电流是指贴片电感器在正常工作时允许通过的最大电流值。电感器在使用时,流过的电流不能超过额定电流,否则电感器会因发热而使性能参数发生改变,甚至会因过电流而烧坏。

五、晶体三极管

晶体三极管在电路中常用"Q"加数字表示,如 Q1 表示编号为 1 的晶体三极管(图 2-7)。

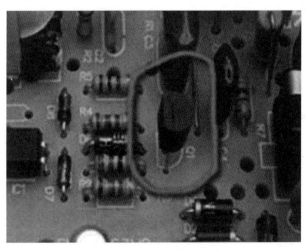

图 2-7 电路板上的三极管

1. 晶体三极管的特点

晶体三极管是内部含有 2 个 PN 结,并且具有放大能力的特殊器件。它分 NPN 型和 PNP 型两种类型,这两种类型的三极管从工作特性上可互相弥补。所谓 OTL 电路中的对管就是由 PNP 型和 NPN 型配对使用的。

常用的 PNP 型三极管有 9012、9015 等型号，NPN 型三极管有 9011、9013、9014、9018 等型号。

2. 晶体三极管的主要作用

晶体三极管主要在放大电路中起放大作用，应用于多级放大器中间级，低频放大输入级、输出级或作阻抗匹配，也用于高频或宽频带电路及恒流源电路。

3. 晶体三极管的识别

常用晶体三极管的封装形式有金属封装和塑料封装两大类，引脚的排列方式具有一定的规律。对于小功率金属封装三极管，按底视图位置放置，使其 3 个引脚构成等腰三角形的顶点向上，从左向右依次为 e、b、c；对于中、小功率塑料封装三极管，按图 2-8 所示位置使其平面朝向自己，3 个引脚朝下放置，则从左向右依次为 e、b、c。

图 2-8　三极管引脚图

4. 晶体三极管的识别使用常识

(1)焊接时应选用 20～75W 电烙铁，每个管脚焊接时间应小于 4s，并保证焊接部分与管壳间散热良好。

(2)管子引出线弯曲处离管壳的距离不得小于 2mm。

(3)大功率管的散热器和管子底部接触应平整光滑，在散热器上用螺钉固定管子，要保证每个螺钉的松紧一致，结合紧密。

(4)管子应安装牢固，避免靠近电路中的发热元件。

第三章　电路分析验证性实验

第一节　元件伏安特性的测量

一、实验目的

(1)学会识别常用电路和元件的方法。
(2)掌握线性电阻、非线性电阻元件以及电压源的伏安特性的测试方法。
(3)学会常用直流电工仪表和设备的使用方法。

二、实验原理

任何一个二端元件的特性可用该元件上的端电压 U 与流过该元件的电流 I 之间的函数关系 $I=f(U)$ 来表示,即用 I-U 平面上的一条曲线来表征,这条曲线称为该元件的伏安特性曲线。

三、实验设备

可调直流稳压电源、直流数字毫安表、数字万用表、普通二极管、稳压管、线性电阻。

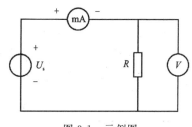

图 3-1　示例图

四、实验内容

(1)自行设计电路图(可以参考图 3-1 所示的例图),测定线性电阻的伏安特性,并且将流过电阻的电流 I 的数据填入表 3-1,表 3-1 中的 U_s 可以依据情况自行设置,电阻 R 不能太小,尽量选择 kΩ 级,以免烧坏电阻。

表 3-1　线性电阻伏安表格

U_s输出(V)	0	0.1	0.5	1	1.2	1.5	2	3	10
I 理论值(mA)									
I 仿真值(mA)									
I 测量值(mA)									

(2)测定半导体二极管的伏安特性。将流过二极管的电流 I 的数据填入表 3-2,并在如图 3-2 所示网络图上绘制二极管的伏安特性曲线。电路图自行设计,同时二极管两端电压 U_s 可以根据表格数据设置,也可以自行给定。

表 3-2　半导体二极管的伏安表格

U_s(V)	0.1	0.3	0.4	0.5	0.55	0.6	1	2	10
I 仿真值(mA)									
I 测量值(mA)									
U_s(V)	−3	−5	−10	−20	−25				
I 仿真值(mA)									
I 测量值(mA)									

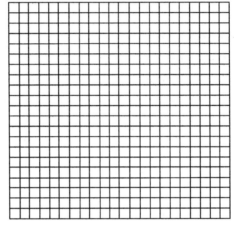

图 3-2　网格图(一)

(3)测定稳压二极管的伏安特性,将流过稳压二极管的电流 I 的数据填入表 3-3,并在如图 3-2 所示网格图上绘制稳压二极管的伏安特性曲线。电路图自行设计,同时稳压二极管两端电压 U_d 也可以自行给定。

表 3-3　稳压二极管的伏安表格

U_d(V)	0.7	0.75	0.8	0.85	0.86	0.88	1	2	10
I 仿真值(mA)									
I 测量值(mA)									
U_d(V)	−4	−4.3	−4.5	−4.6	−4.9	−5.1			
I 仿真值(mA)									
I 测量值(mA)									

(4)自行设计电路测定电压源的伏安特性(也可参考图 3-3),将数据填入表 3-4,表中的电阻 R_L 可以根据情况自行设置,并在如图 3-4 所示网格图上绘制电压源的伏安特性曲线。

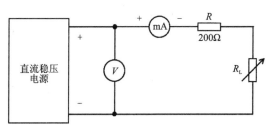

图 3-3 示例图

表 3-4 稳压二极管的伏安表格

$R_L(\Omega)$	100	200	300	400	500	600	700	800
I(mA)								
U(V)								

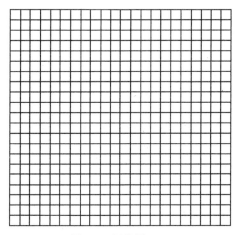

图 3-4 网格图(二)

五、注意事项

(1)测二极管正向特性时,稳压电源输出应由小至大逐渐增加,应时刻注意电流表读数不得超过 25mA,稳压电源输出端切勿碰线短路。

(2)进行不同实验时,应先估算电压和电流值,合理选择仪表的量程,勿使仪表超量程,仪表的极性亦不可接错。

(3)由于实验室的万用表不能直接测量电流,因此可以通过测量电阻上的电压和该电阻的比值来间接测量电流值。

六、实验报告

(1)根据各实验结果数据,分别在方格纸上绘制出光滑的伏安特性曲线(其中二极管和稳压管的正、反向特性均要求画在同一张图中,正、反向电压可取为不同的比例尺)。

(2)根据实验结果,总结、归纳被测各元件的特性。
(3)必要的误差分析。
(4)心得体会及其他。

七、思考题

(1)线性电阻与非线性电阻的概念是什么?电阻与二极管的伏安特性有何区别?

(2)设某器件伏安特性曲线的函数式为 $I=f(U)$,试问在逐点绘制曲线时,其坐标变量应如何放置?

(3)稳压二极管与普通二极管有何区别,其用途如何?

第二节 电位与电压的关系

一、实验目的

(1)验证电路中电位与电压的关系。
(2)掌握电路中电位和电压的区别。

二、实验原理

电位是指该点与指定的零电位的电压大小差距。电压是指电路中的两点的电位的大小差距。

三、实验设备

直流稳压电源 1 台,万用表,导线若干。

四、实验内容

(1)自行依据常规的电路元件参数设计电路,并且将设计电路的理论值、仿真值以及测量值 3 种数据记录于表 3-5 中。

表 3-5 电位与电压表格

电位参考点	Φ 与 U	Φ_A	Φ_B	Φ_C	Φ_D	Φ_E	Φ_F	U_{AB}	U_{AC}	U_{AD}	U_{AE}	U_{AF}
对地(E)	理论值(V)											
	仿真值(V)											
	测量值(V)											

注:Φ 表示电位,U 表示电压。

(2)根据设计的电路计算各支路的理论电流和电压值,填写数据于表 3-5 中的理论值部分。

(3)仿真设计电路的数据,并且填写数据于表 3-5 中的仿真值部分,和理论值进行比较,验证结果是否一致。

(4)参考电路图见图 3-5,注意为避免电阻烧坏(电阻最大功率不要超过 1/8W),建议电源电压不要太大,或者选择大电阻。

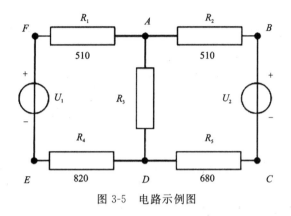

图 3-5　电路示例图

观察 $\Phi_A-\Phi_B$ 和 U_{AB} 的关系、$\Phi_A-\Phi_C$ 和 U_{AC} 的关系、$\Phi_A-\Phi_D$ 和 U_{AD} 的关系、$\Phi_A-\Phi_E$ 和 U_{AE} 的关系、$\Phi_A-\Phi_F$ 和 U_{AF} 的关系,同时验证电位与电压的关系。

五、注意事项

(1)所有需要测量的电压值,均以电压表测量的读数为准,不以电源表盘指示值为准。

(2)防止电源两端碰线短路。

(3)当参考点选定后,节点电压与电位便随之确定,这是节点电压的单值性;当参考点改变时,各节点电压与电位均改变相对量值,这是节点电压的相对性,但各节点间电压的大小和极性应保持不变。

六、实验报告

(1)先计算理论值。然后用仿真软件仿真设计的电路得到仿真结果,并与理论值比较,分析是否有误。最后进入实验室根据设计的电路搭建实际电路,测量实际值,并与理论值以及仿真结果比较,计算误差并分析误差原因。

(2)实验报告要整齐、全面,包含全部实验内容。

(3)对实验中出现的一些问题进行讨论。

七、思考题

(1)选定实验电路中的任一个节点,思考此节点各支路的电流之间有什么关系?其他节点呢?你能够得出什么结论?

(2)选定实验电路中的任一个闭合回路,思考此闭合回路中各元件的电压有什么关系?其他闭合回路呢?你能够得出什么结论?

第三节 受控源特性测试

一、实验目的

(1)测试受控源 VCCS(电压控制电流源)、CCVS(电流控制电压源)的转移特性,从而加深对受控源的理解。

(2)在熟悉原理电路的基础上,能够在实验电路箱的实验电路板上,快速连接所需要验证的电路并进行测试。

二、实验原理

(1)所谓受控源,是指其电源的输出电压或电流是受电路另一支路的电压或电流所控制的。当受控源的电压(或电流)与控制支路的电压(或电流)成正比时,则该受控源为线性的。根据控制变量与输出变量的不同可分为4类受控源,即电压控制电流源(VCCS)、电流控制电压源(CCVS)、电压控制电压源(VCVS)、电流控制电流源(CCCS),电路符号如图 3-6 所示。理想受控源的控制支路中只有一个独立变量(电压或电流),另一个变量为零,即从输入口看理想受控源或是短路(即 $U_i=0$)或是开路(即 $I_i=0$),从输出口看,理想受控源或是一个理想电压源或是一个理想电流源。

(2)受控源的输出端与受控端的关系称为转移函数。4 种受控源转移函数参量的定义如下。

①电压控制电流源(VCCS)。

$I_2 = g_m U_1$ $g_m = I_2 / U_1$ 称为转移电导。

②电流控制电压源(CCVS)。

$U_2 = r_m I_1$ $r_m = U_2 / I_1$ 称为转移电阻。

③电压控制电压源(VCVS)。

$U_2 = \mu U_1$ $\mu = U_2 / U_1$ 称为转移电压比(或电压增益)。

④电流控制电流源(CCCS)。

$I_2 = \alpha I_1$ $\alpha = I_2 / I_1$ 称为转移电流比(或电流增益)。

三、实验设备

电路原理实验箱,数字万用表,直流稳压电源,可调直流恒流源。

四、实验内容

(1)测量受控源 VCCS 的转移特性 $I_L = f(U_1)$。

实验线路如图 3-7 所示,固定 $R_L = 2k\Omega$,调节直流稳压源电源输出电压 U_1,使其在 0~3V 范围内取值。测量 U_1 及相应的 I_L,将实验数据填于表 3-6 中,同时绘制 $I_L = f(U_1)$ 曲线,并由其线性部分求出转移电导 g_m。

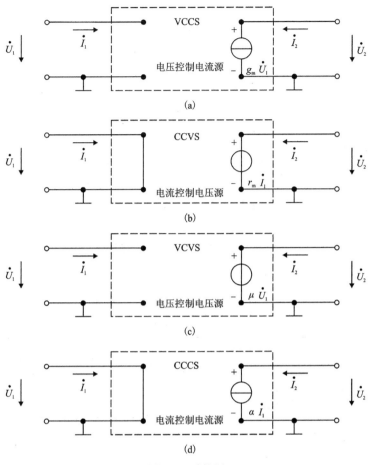

图 3-6 受控源

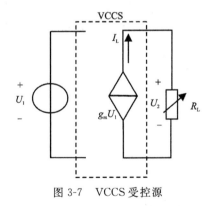

图 3-7 VCCS 受控源

表 3-6 VCCS 受控源电压电流表

测量值	U_1(V)	0.00	0.50	1.00	2.00	3.00
	I_L(mA)					
实验值	g_m(mS)					

(2)测量受控源 CCVS 的转移特性 $U_2=f(I_s)$。

实验线路如图 3-8 所示,I_s 为可调直流恒流源,固定 $R_L=2{\rm k}\Omega$,调节直流恒流源输出电流 I_s,使其在 0～0.8mA 范围内任取 5 个值,测量 I_s 及相应的 U_2 值,将实验数据填于表 3-7 中,同时绘制 $U_2=f(I_s)$ 曲线,并由其线性部分求出转移电阻 r_m。

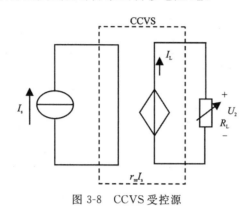

图 3-8 CCVS 受控源

表 3-7 CCVS 受控源电压电流表

测量值	I_s(mA)					
	U_2(V)					
实验值	r_m(K)					

五、注意事项

(1)做 VCCS 实验时需把左右两边的两个接地端连接起来。
(2)做 CCVS 转移特性测试时注意电流源和电流表不能并联。
(3)测试负载特性时,电流不要超过 20mA,不允许将输出短接。

六、实验报告

(1)根据实验数据,分别描点绘出 4 种受控源的转移特性曲线,求出相应的转移参量。
(2)实验总结及体会。

七、思考题

(1)受控电源和理想电源的区别是什么?
(2)4 种受控源中的 μ、r_m、α、g_m 的意义是什么,如何测量?
(3)若受控源控制量的极性反向,试问其输出极性是否发生变化?
(4)受控源的控制特性是否适合于交流信号?

第四节　叠加定理

一、实验目的

(1) 验证叠加定理。
(2) 掌握万用表及稳压电源的使用方法。

二、实验原理

叠加定理:若干个电源在某线性网络的任一支路产生的电流或在任意两个节点之间产生的电压,等于这些电源分别单独作用于该网络时在该部分所产生的电流或电压的代数和。

三、实验设备

万用表,导线,直流稳压电源,电阻。

四、实验内容

(1) 自行依据常规的电路元件参数设计电路,并将设计数据记录于表 3-8 中。

表 3-8　叠加定理数据记录表格(电压单位为 V,电流单位为 mA)

实验内容	测量项目									
	U_1	U_2	I_1	I_2	I_3	U_{AB}	U_{AD}	U_{CD}	U_{DE}	U_{FA}
电源 1 作用时理论值										
电源 1 作用时仿真值										
电源 1 作用时测量值										
电源 2 作用时理论值										
电源 2 作用时仿真值										
电源 2 作用时测量值										
电源共同作用时理论值										
电源共同作用时仿真值										
电源共同作用时测量值										

(2) 根据设计的电路计算各支路的理论电流和电压值,填写数据于表 3-8 的理论值部分。
(3) 仿真设计电路的数据,并填写数据于表 3-8 中的仿真值部分,和理论值进行比较,验证结果是否一致。

(4)参考电路图见图3-9,建议根据实验室提供的元器件设计电路以及选用元器件的参数。

(5)实验室实际测量时,如果不方便直接测量电流,可以采用间接测量法,将实际测量的电压和电流填写于表3-8中的测量值部分,并和理论值做比较验证结果是否一致,同时做误差分析。

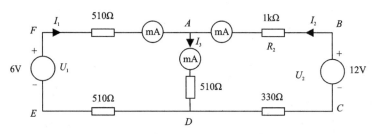

图3-9 叠加原理实验验证图示例图

五、注意事项

(1)单独作用的电源一定必须是独立电源,受控源一直保留在电路中。
(2)各个电源单独作用时,所求电压或者电流变量的方向要保持一致。
(3)选择实验所用元件参数以及电源参数时,注意考虑器件的额定电流和额定功率。

六、实验报告

(1)列出各个电源单独作用时测试端口的电压或者电流,计算总电压或者电流,并和理论值作比较,同时做误差分析。
(2)实验总结及体会。

七、思考题

(1)在叠加原理实验中,要令 U_1、U_2 分别单独作用,应如何操作?可否直接将不作用的电源(U_1 或 U_2)置零连接?
(2)实验电路中,若有一个电阻改为二极管,试问叠加原理的叠加性与齐次性还成立吗?为什么?
(3)可以用叠加定理来计算功率吗?

第五节 戴维南定理

一、实验目的

(1)验证戴维南定理。
(2)掌握万用表及稳压电源的使用方法。

二、实验原理

戴维南定理:任何一个线性含源网络,如果仅研究其中一条支路的电压和电流,则可将电路的其余部分看作是一个有源二端网络(或称为含源一端口网络)。

三、实验设备

万用表,导线,直流稳压电源,电阻。

四、实验内容

(1)自行依据常规的电路元件参数设计电路,也可以参考电路图(图 3-10)。

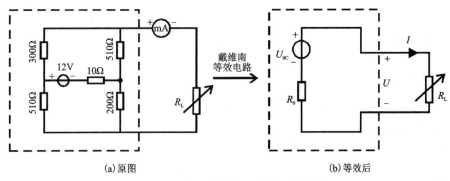

图 3-10 戴维南等效电路验证示例图

(2)根据设计的电路计算开路电压、短路电流来测定戴维南等效电路 U_{OC} 和计算等效电阻 R_0,并且填写数据于表 3-9 中。

(3)改变负载电阻 R_L 阻值,分别计算其在原始电路和等效电路中两端的理论电压值,并且填写数据于表 3-10 和表 3-11 中的理论值表格中。

(4)仿真设计电路的数据,同时根据 R_L 阻值的变化分别填写原始电路和等效电路仿真数据于表 3-10 和表 3-11 中的仿真值表格中,并与理论值进行比较,验证结果是否一致。

(5)根据 R_L 阻值的变化测量原始电路和等效电路负载 R_L 两端的电压,并且填写数据于表 3-10 和表 3-11 中的测量值表格中。

① 根据表 3-11 中数据,计算并绘制功率随 R_L 变化的曲线 $P=f(R_L)$。

② 观察 $P=f(R_L)$ 曲线,验证最大功率传输条件是否正确。

表 3-9 **戴维南定理数据记录表格**(电压单位为 V,电流单位为 mA)

	U_{OC}(V)	I_{SC}(mA)	$R_0 = U_{OC}/I_{SC}(\Omega)$
理论值			
仿真值			
测量值			

表 3-10　原始电路中负载电压值

$R_L(\Omega)$	330	470	1k	2k	3.3k	10k
U_L(V) 理论值						
U_L(V) 仿真值						
U_L(V) 测量值						

表 3-11　等效电路中负载电压值

$R_L(\Omega)$	330	470	1k	2k	3.3k	10k
U_L(V) 理论值						
U_L(V) 仿真值						
U_L(V) 测量值						

五、注意事项

(1) 测量开路电压和短路电流时,要注意电压正极性的方向以及电流的方向。

(2) 如果含有受控电源,等效电阻值有可能为负值。

(3) 测量时注意万用表量程的选择。

(4) 改接线路时要先关掉电源。

六、实验报告

(1) 自行设计电路,并且计算戴维南等效电路理论值,然后与实际值作比较。原始电路和等效电路分别接几组同样的电阻或者电阻群,列表观察负载电阻上面的电压电流参数并且作比较。

(2) 实验总结及体会。

七、思考题

(1) 在求戴维南等效电路时,做短路试验,测 I_{SC} 的条件是什么?在本实验中可否直接做负载短路实验?

(2) 说明计算有源二端网络开路电压及等效内阻的几种方法,并比较其优缺点。

(3) 如何理解网络中所有独立源置零?实验中如何置零?

第六节　一阶 RC 电路响应特性

一、实验目的

(1) 观察电容充、放电过程,测定 RC 电路的时间常数 τ。

(2)用示波器观察方波周期和时间常数比例不同时,RC 电路充放电波形,进一步了解充放电过程与时间常数 τ 的关系,并熟悉示波器的使用。

二、实验原理

电路中某时刻的电感电流和电容电压称为该时刻的电路状态。$t=0$ 时,电感的初始电流 I_L 和电容电压 U_c 称为电路的初始状态。

在没有外加激励,仅由 $t=0$ 时刻的非零初始状态引起的响应称为零输入响应,它取决于初始状态和电路特性,这种响应随时间按指数规律衰减。

在零初始状态时仅由在 t_0 时刻施加于电路的激励引起的响应称为零状态响应,它取决于外加激励和电路特性,这种响应是由零开始随时间按指数规律增长的。线性动态电路的完全响应为零输入响应和零状态响应之和。含有耗能元件的线性动态电路的完全响应也可以为暂态响应与稳态响应之和,实践中认为暂态响应在 $t=5\tau$ 时消失,电路进入稳态,在暂态还存在的这段时间就成为"过渡过程"。

三、实验设备

函数信号发生器,双踪示波器,导线,电阻,电容。

四、实验内容

对一阶 RC 电路,分别改变电阻 R 和电容 C 的值,记录不同情况下电容两端电压变化情况,同时分析电路进入稳态的时间和电阻电容参数间的关系。电路图参考图 3-11,也可以自行设计电路。

若开关 K 首先置于 2 使电路处于稳定状态,在 $t=0$ 时刻由 2 扳向 1,电路为零输入响应。实验时为方便操作和观察波形,一般用方波代替开关操作。方波的周期代表给予电容充放电的时间。

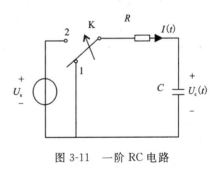

图 3-11 一阶 RC 电路

五、注意事项

(1)信号源的接地端和示波器的接地端要连接在一起,以防外界干扰而影响测量结果的准确性。

(2)示波器的辉度不要过亮。

(3)示波器的"V/div"和"T/div"的微调旋钮应旋至"校准位置"。

六、实验报告

(1)根据实验观察结果,绘制出 RC 一阶电路充、放电时电容两端电压的变化曲线,由曲线测量时间常数,并与计算值作比较,分析误差原因。

(2)根据实验观察结果,阐明波形变化的特征,分析不同波形下电路的功能。
(3)新的体会以及其他。

七、思考题

(1)什么样的电信号可作为 RC 一阶电路零输入响应、零状态响应和完全响应的激励源?

(2)已知 RC 一阶电路 $R=10\text{k}\Omega$,$C=0.1\mu\text{F}$,试计算时间常数 τ,并根据 τ 值的物理意义,拟定测量 τ 的方案。

第七节 RLC 串联谐振电路

一、实验目的

(1)学习用实验方法测试 RLC 串联谐振电路负载(电阻)的电压,并绘制幅频特性曲线。
(2)加深理解电路发生谐振时的条件、特点。
(3)掌握电路品质因数的物理意义及其测定方法。

二、实验原理

(1)如图 3-12(a)所示的 RLC 串联电路,当输入正弦交流信号的频率 f 改变时,电路中的感抗、容抗随之而变,电路中的电流也随 f 而变。取电阻两端电压 U_o 作为响应,当输入电压 U_i 维持幅度不变时,在不同信号频率的激励下,测出电阻 R 两端电压 U 之值,然后以 f 为横坐标,以 U_o 为纵坐标,绘出光滑的曲线,此即为幅频特性,亦称电压谐振曲线,如图 3-12(b)所示。

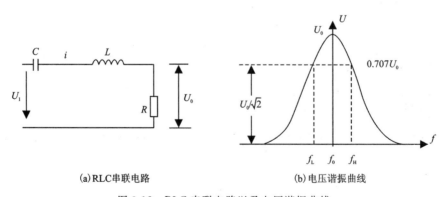

(a)RLC串联电路 (b)电压谐振曲线

图 3-12 RLC 串联电路以及电压谐振曲线

(2)在 $f=f_0=1/(2\pi\sqrt{LC})$ 处时,$X_\text{L}=X_\text{C}$,即幅频特性曲线尖峰所在的频率点,该频率为谐振频率,此时电路呈纯阻性,电路阻抗的模为最小,在输入电压 $\dot{U}_\text{i}$ 为定值时,电路中的电流 $\dot{I}$ 达到最大值,且与输入电压 $\dot{U}_\text{i}$ 同相位,从理论上讲,此时 $\dot{U}_\text{i}=\dot{U}_{R0}=\dot{U}_\text{o}$,$U_{L0}=U_{C0}=QU_\text{i}$,其

中 Q 称为电路品质因数。

(3) 电路品质因数 Q 值的两种测试方法。

一种方法是根据公式 $Q=U_{L0}/U_i=U_{C0}/U_i$ 测定，U_{C0} 与 U_{L0} 分别为谐振时电容器 C 和电感线圈 L 上的有效电压。

另一种方法是通过测量谐振曲线的通频带宽度 $\Delta f=f_h-f_L$，再根据 $Q=f_0/(f_h-f_L)$ 求出 Q 值，其中 f_0 为谐振频率，f_h 和 f_L 分别为失谐时幅度下降到最大值的 0.707 倍时的上、下频率点。

Q 值越大，曲线越尖锐，通频带越窄，电路的选择性越好。在恒压源供电时，电路的品质因数、选择性与通频带只取决于电路本身的参数，而与信号源无关。

三、实验设备

电路原理与实验箱，双踪示波器，函数信号发生器，晶体管毫伏表。

四、实验内容

(1) 按图 3-13 电路接线，取 $R=510\Omega$，调节信号源输出电压为 $U_{PP}=2V$ 的正弦信号，并在整个实验过程中保持不变（用示波器校准）。

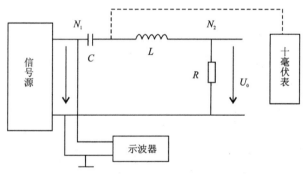

图 3-13 RLC 实验示例图

(2) 找出电路的谐振频率 f_0，其方法是将示波器的两个输入端分别跨接在电阻 R 两端以及信号源两端，令信号源的频率由小逐渐变大（本实验谐振频率理论值为 17.33kHz），在示波器两个输出端档位一致的条件下，当示波器的两个输出波形重合时，信号源上显示的频率值即为电路的谐振频率 f_0，并用晶体管毫伏表测量 U_0、U_{L0}、U_{C0} 之值（注意及时更换毫伏表的量程），记入表 3-12 中。

表 3-12 谐振时的电压电流等参数

$R(k\Omega)$	$f_0(kHz)$	$U_0(V)$	$U_{L0}(V)$	$U_{C0}(V)$	$I_0(mA)$	Q
0.51						

(3) 在谐振点两侧，应先测出下限频率 f_L 和上限频率 f_h 及相对应的 U_0 值，然后再逐点测出不同频率下 U_0 值，记入表 3-13 中，并画出输出电压的幅频特性曲线。

表 3-13 不同频率下的电压电流表

R(kΩ)		f_L			f_0			f_H	
0.51	f(KHz)								
	U_0(V)								
	I(mA)								

五、注意事项

(1) 晶体管毫伏表属于高阻抗电表,测量前必须先调零。
(2) 示波器的"V/div"和"T/div"的微调旋钮应旋至"校准位置"。
(3) 测试频率点时选择靠近谐振频率附近多取几个点,在变换频率测试时,应调整信号输出幅度,使其维持在 $U_{PP}=2V$ 输出不变。
(4) 在测量 U_{C0} 和 U_{L0} 数值前,应及时更换毫伏表的量程,而且在测量 U_{C0} 与 U_{L0} 时,毫伏表的"+"端接 C 与 L 的公共点,接地端分别触及 L 和 C 的近地端 N_1 和 N_2。
(5) 用毫伏表测电压时要注意量程的合理选择,测 U_0 时用 1V 的量程,测 U_{L0} 和 U_{C0} 时用 10V 的量程。

六、实验报告

(1) 根据测量数据,绘出幅频特性曲线。
(2) 实验总结及体会。

七、思考题

(1) 如何调节并监视电路,使其达到谐振状态?
(2) 电路发生谐振时,为什么输入电压不能太大?如果输入信号发生器的电压为 3V,电路谐振时,用晶体管毫伏表测量的电感电压和电容电压应选用多大量程?
(3) 要提高 RLC 串联电路的品质因数,电路参数应如何改变?

第八节 RC 选频网络特性测试

一、实验目的

(1) 熟悉 RC 文氏电桥电路的结构特点及其应用。
(2) 学会用晶体管毫伏表和示波器测定文氏电桥电路的幅频特性和相频特性。

二、实验原理

文氏电桥电路是一个 RC 的串、并联电路,如图 3-14 所示,该电路结构简单,被广泛应用于低频振荡电路中作为选频环节,可以获得高纯度的正弦波电压。在输入端输入幅值恒定的正弦电压$\dot{U}_i$,在输出端得到输出电压$\dot{U}_o$,分别表示为$\dot{U}_i = U_i \angle \varphi_i$,$\dot{U}_o = U_o \angle \varphi_o$。

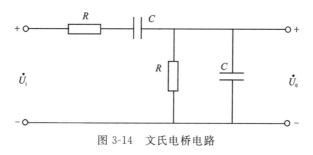

图 3-14 文氏电桥电路

当正弦电压$\dot{U}_i$的频率变化时,$\dot{U}_o$的变化可以从两方面来看。在频率较低的情况下,即当$\frac{1}{\omega C} \gg R$时,图 3-14 可以近似成如图 3-15 所示的低频等效电路。ω越低,$\dot{U}_o$的幅值越低,其相位越超前于$\dot{U}_i$。当ω趋近于 0 时,$|\dot{U}_o|$趋近于 0,$\varphi_o - \varphi_i$接近 $+90°$。而当频率较高时,即当$\frac{1}{\omega C} \ll R$时,图 3-14 可以近似成如图 3-16 所示的高频等效电路。ω越高,$\dot{U}_o$的幅值越小,其相位越滞后于$\dot{U}_i$。当ω趋近于∞时,$|\dot{U}_o|$趋近于零,$\varphi_o - \varphi_i$接近 $-90°$。由此可见,当频率为某一中间值f_0时,$\dot{U}_o$不为零,且$\dot{U}_o$与$\dot{U}_i$同相。

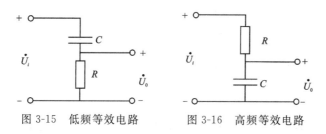

图 3-15 低频等效电路　　　图 3-16 高频等效电路

由电路分析可知,该网络的传递函数$A(j\omega) = |A(j\omega)| \angle \varphi$为

$$A(j\omega) = \frac{1}{3 + j(\omega RC - 1/\omega RC)}$$

其中幅频特性为

$$A(\omega) = \frac{U_o}{U_i} = \frac{1}{\sqrt{3^2 + (\omega RC - 1/\omega RC)^2}}$$

相频特性为

$$\varphi(\omega) = \varphi_o - \varphi_i = -\arctan \frac{\omega RC - 1/\omega RC}{3}$$

它们的特性曲线如图 3-17 所示。

当角频率$\omega = \frac{1}{RC}$时,$A(\omega) = 1/3$,$\varphi(\omega) = 0°$,$\dot{U}_o$与$\dot{U}_i$同相,即电路发生谐振,谐振频率为$f_0 = \frac{1}{2\pi RC}$。也就是说,当信号频率为f_0时,RC 串、并联电路的输出电压$\dot{U}_o$与输入电压

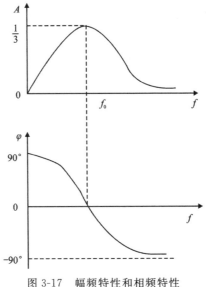

图 3-17 幅频特性和相频特性

$\dot{U_i}$ 同相,其大小是输入电压的 1/3,RC 串、并联电路具有带通特性,这一特性称为 RC 串、并联电路的选频特性。

测量频率特性一般采用逐点描绘法。测量幅频特性时保持信号源输出电压(即 RC 网络输入电压)U_i 恒定,改变频率 f,用晶体管毫伏表监视 U_i,并测量对应的 RC 网络输出电压 U_o,计算出它们的比值,然后逐点描绘出幅频特性;测量相频特性时保持信号源输出电压 U_i 恒定,改变频率 f,用晶体管毫伏表监视 U_i,用双踪示波器观察 u_o 与 u_i 波形,若两个波形的延时为 Δt,信号周期为 T,则它们的相位差 $\varphi = \dfrac{\Delta t}{T} \times 360° = \varphi_o - \varphi_i$(输出相位与输入相位之差),将各个不同频率下的相位差画在以 f 为横轴,φ 为纵轴的坐标纸上,用光滑的曲线将这些点连接起来,即是被测电路的相频特性曲线。

三、实验设备

电路原理与实验箱,双踪示波器,函数信号发生器,晶体管毫伏表。

四、实验内容

1. 测量 RC 串、并联电路的幅频特性

(1)按图 3-14 电路接线并选择参数($R=1\text{k}\Omega, C=0.1\mu\text{F}$)。

(2)调节低频信号源的输出电压为 3V 的正弦波,接入图 3-14 的输入端。

(3)改变信号源的频率 f(由频率计读得)。保持 $U_i=3\text{V}$ 不变,测量输出电压 U_o,可先测量 $A=\dfrac{1}{3}$ 时的频率 f_o,然后在 f_o 左右设置其他频率点,测量 U_o,将测量数据填入表 3-14 中,并画出输出电压的幅频特性曲线。

(4)另选一组参数($R=220\Omega$, $C=2\mu F$),重复测量一组数据。将实验数据记入表 3-14 中,并且画出输出电压的幅频特性曲线。

表 3-14　RC 串、并联电路的幅频特性

U_0(V)	f(Hz)								
	$R=1k\Omega, C=0.1\mu F$								
	$R=220\Omega, C=2\mu F$								

2. 测定 RC 串、并联电路的相频特性

按照实验原理介绍的方法步骤,选定两组电路参数进行测量,其中频率的选择也可先测量 $A=\dfrac{1}{3}$ 时的频率 f_0,然后再在 f_0 左右设置其他频率点,利用示波器观察输入信号和输出信号的时间差 Δt,依据 Δt 计算不同频率时的相位 φ,将实验数据记入表 3-15 中,并且画出输出电压的相频特性曲线。

表 3-15　RC 串、并联电路的相频特性

	f(Hz)								
	T(ms)								
$R=1k\Omega, C=0.1\mu F$	Δt(ms)								
	φ								
$R=220\Omega, C=2\mu F$	Δt(ms)								
	φ								

五、注意事项

由于信号内阻的影响,注意在调节信号源输出频率时,应同时调节信号源输出幅度,使实验电路的输入电压保持不变。

六、实验报告

(1)根据实验数据,绘制幅频特性和相频特性曲线,找出最大值,并与理论计算值比较。
(2)讨论实验总结及体会。

七、思考题

文氏电桥电路的作用是什么?举例说明。

第九节 集成运算放大器电路线性应用

一、实验目的

(1) 通过实验,进一步理解集成运算放大器电路线性应用的特点。
(2) 掌握集成运算放大器基本线性应用电路的设计方法。
(3) 了解限幅放大器的转移特性以及转移特性曲线的绘制方法。
(4) 研究由集成运算放大器组成的比例、加法、减法和积分等基本运算电路的功能。
(5) 了解集成运算放大器在实际应用时应考虑的一些问题。

二、实验原理

集成运算放大器是一种具有高电压放大倍数的直接耦合多级放大电路。当外部接入不同的线性或非线性元器件组成输入和负反馈电路时,可以灵活地实现各种特定的函数关系。在线性应用方面,可组成比例、加法、减法、积分、微分、对数等模拟运算电路。

1. 理想运算放大器特性

在大多数情况下,将运算放大器视为理想运算放大器,将运算放大器的各项技术指标理想化,满足下列条件的运算放大器称为理想运算放大器,即

开环电压增益 $A_{ud}=\infty$,输入阻抗 $r_i=\infty$,输出阻抗 $r_o=0$,带宽 $f_{BW}=\infty$,失调与漂移均为零等。

2. 理想运算放大器在线性应用时的两个重要特性

(1) 输出电压 U_0 与输入电压之间满足关系式

$$U_0 = A_{ud}(U_+ - U_-)$$

由于 $A_{ud}=\infty$,而 U_0 为有限值,因此,$U_+ - U_- \approx 0$,即 $U_+ \approx U_-$,称为"虚短"。

(2) 由于 $r_i=\infty$,故流进运算放大器两个输入端的电流可视为零,即 $I_{IB}=0$,称为"虚断"。这说明运算放大器对其前级吸取电流极小。

上述两个特性是分析理想运算放大器应用电路的基本原则,可简化运算放大器电路的计算。

三、实验设备

稳压电源,集成运算放大器芯片,导线,电阻,万用表,双踪示波器,函数发生器。

四、实验内容

(1) 自行依据常规的电路元件参数设计反相比例运算电路、反相加法运算电路、同相比例运算电路、减法运算电路、积分运算电路,参考电路见图 3-18。

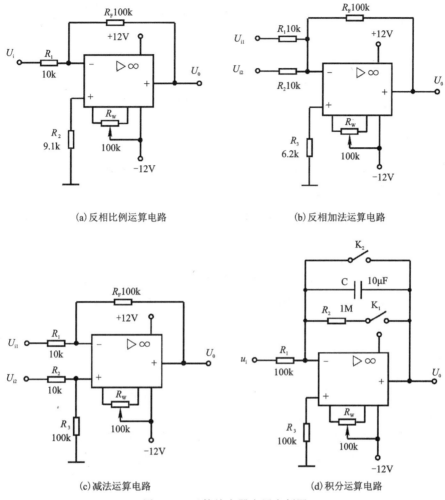

图 3-18　运算放大器应用实例图

（2）根据设计的电路计算各支路的理论电流和电压值，将所给的输入数据填于类似表 3-16 和表 3-17 的表格中，此处为了节省篇幅，仅画出表格形式，做不同实验要自行设计各自的表格。

（3）用仿真软件仿真设计电路的数据，并且填写数据于类似表 3-16 和表 3-17 的表格中，和理论值进行比较，验证结果是否一致。

表 3-16　反相比例放大、同相比例放大、积分运算电路

U_i(V)	U_o(V)			U_i波形	U_o波形	放大倍数 A_V		
	理论	仿真	实测			计算值	仿真值	实测值
自定								

表 3-17　反相加法运算、减法运算

U_{i1}(V)					
U_{i2}(V)					
U_0(V)					

五、注意事项

(1)实验前要看清运算放大器各管脚的位置；切忌正、负电源极性接反和输出端短路，否则将会损坏集成运算放大器元件。

(2)设计比例电路时，输入信号不可太大。

六、实验报告

(1)根据实验内容，自行设计各自的电路图，画出实验原理图，分别计算仿真直流输入和交流输入情况下的结果，并且将实测结果和它们作比较，观察结果，并且写出结论。

(2)实验总结及体会。

七、思考题

(1)设计放大电路时，为什么输入的信号不能过大？仿真输入电压为10V时的输出，并计算理论值，验证结果是否正确。

(2)观察同相比例放大和反相比例放大的电路，思考为什么反馈一定要接在反相输入端？试试仿真电路，反馈接在同相输入端的情况，会得到什么结果？

第四章　Multisim 学习与仿真实验设计

第一节　实验目的及实验要求

一、实验目的

让学生通过此任务的思考、设计和实现，学习 Multisim 仿真工具的基本应用，根据实际的系统设计要求，掌握初步的电路设计、原理图绘制、电路仿真、电路工作原理、电路调试、工作点的验证和调整等设计方法，从硬件系统和软件仿真两个角度得到实际的提高，为今后的毕业设计和就业打下良好的基础。

二、实验要求

完成课程中基本电路原理图的绘制、调试和仿真。要求自行设计电路，首先根据自己设计的电路进行理论计算，然后进行 Multisim 仿真，并将理论结果和仿真结果对比验证。

三、实验器材及工具介绍

计算机 1 台，Multisim 软件 1 套。

第二节　实验原理

一、Multisim 软件描述

EDA 是 Electronic Design Automation（电子设计自动化）的缩写，已经在电子设计领域得到广泛应用。EDA 技术借助计算机存储量大、运行速度快的特点，可对设计方案进行人工难以完成的模拟评估、设计检验、设计优化和数据处理等工作。EDA 已经成为集成电路、印制电路板、电子整机系统设计的主要技术手段。

Multisim 是加拿大图像交互技术公司（Interactive Image Technoligics，IIT）推出的以 Windows 为基础的仿真工具，被美国 NI 公司收购后，更名为 NI Multisim。

Multisim 各个版本包含了电路原理图的图形输入、电路硬件描述语言输入方式，具有丰富的仿真分析能力，适用于模拟/数字电路的设计工作。

Multisim 用软件的方法虚拟电子与电工元器件,虚拟电子与电工仪器和仪表,实现了"软件即元器件""软件即仪器",是一个原理电路设计、电路功能测试的虚拟仿真软件。

Multisim 的元器件库提供数千种电路元器件供实验选用,同时也可以新建或扩充已有的元器件库,而且建库所需的元器件参数可以从生产厂商的产品使用手册中查到,因此在工程设计中也很方便使用。

Multisim 的虚拟测试仪器仪表种类齐全,有一般实验用的通用仪器,如万用表、函数信号发生器、双踪示波器、直流电源;还有一般实验室少有或没有的仪器,如波特图仪、数字信号发生器、逻辑分析仪、逻辑转换器、失真仪、频谱分析仪和网络分析仪等。

Multisim 具有较为详细的电路分析功能,可以完成电路的瞬态分析和稳态分析、时域和频域分析、器件的线性和非线性分析、电路的噪声分析和失真分析、离散傅里叶分析、电路零极点分析、交直流灵敏度分析等电路分析方法,以帮助设计人员分析电路的性能。

Multisim 可以设计、测试和演示各种电子电路,包括电工学、模拟电路、数字电路、射频电路及微控制器和接口电路等;可以对被仿真的电路中的元器件设置各种故障,如开路、短路和不同程度的漏电等,从而观察不同故障情况下的电路工作状况。在进行仿真的同时,软件还可以存储测试点的所有数据,列出被仿真电路的所有元器件清单,以及存储测试仪器的工作状态、显示波形和具体数据等。

Multisim 有丰富的 Help 功能,该功能不仅包括软件本身的操作指南,更重要的是包含元器件的功能解说,Help 中这种元器件功能解说有利于使用 EWB 进行 CAI 教学。此外,Multisim 还提供了与国内外流行的印刷电路板设计自动化软件 Protel 及电路仿真软件 PSpice 之间的文件接口,也能通过 Windows 的剪贴板把电路图送往文字处理系统中进行编辑排版,支持 VHDL 和 Verilog HDL 语言的电路仿真与设计。

利用 Multisim 可以实现计算机仿真设计和虚拟实验,与传统的电子电路设计和实验方法相比,具有如下特点:设计和实验可以同步进行,可以边设计边实验,修改调试方便;设计和实验用的元器件及测试仪器仪表齐全,可以完成各种类型的电路设计与实验;可方便地对电路参数进行测试和分析;可直接打印输出实验数据、测试参数、曲线和电路原理图;实验中不消耗实际的元器件,实验所需元器件的种类和数量不受限制,实验成本低,实验速度快,效率高;设计和实验成功的电路可以直接在产品中使用。

Multisim 易学易用,便于电子信息、通信工程、自动化、电气控制类专业学生自学,便于开展综合性的设计和实验,有利于培养综合分析能力、开发和创新的能力。

二、Multisim 软件应用介绍

1. Multisim 界面介绍

软件以图形界面为主,采用菜单、工具栏和热键相结合的方式,具有一般 Windows 应用软件的界面风格,用户可以根据自己的习惯和熟悉程度自如使用。

2. Multisim 的主窗口界面

以 Multisim 10 版本为例,如图 4-1 所示为英文界面,如图 4-2 所示为中文界面。

第四章　Multisim 学习与仿真实验设计

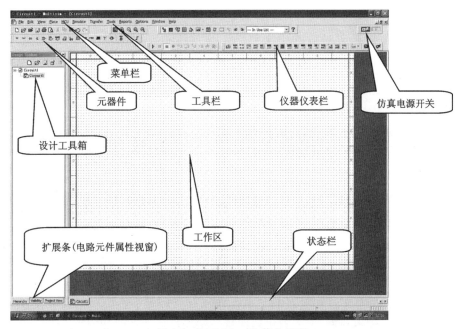

图 4-1　Multisim 10 英文界面

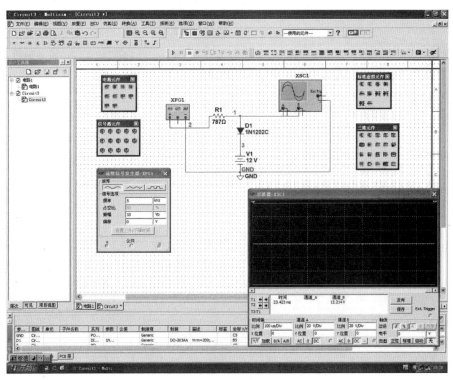

图 4-2　Multisim 10 中文界面

界面由多个区域构成,如菜单栏、工具栏、电路输入窗口、状态栏、列表框等。通过对各部分的操作可以实现电路图的输入、编辑,并根据需要对电路进行相应的观测和分析。用户可以通过菜单或工具栏改变主窗口的视图内容。

3. 菜单栏

图 4-3 为英文和与英文对应的中文菜单。菜单栏位于界面的上方,通过菜单可以对 Multisim 的所有功能进行操作。与大多数 Windows 平台上的应用软件菜单栏一样,它有一些常用的功能选项,如 File、Edit、View、Options、Help 等,此外,还有一些 EDA 软件专用的选项,如 Place、Simulate、Transfer、Toois 等。

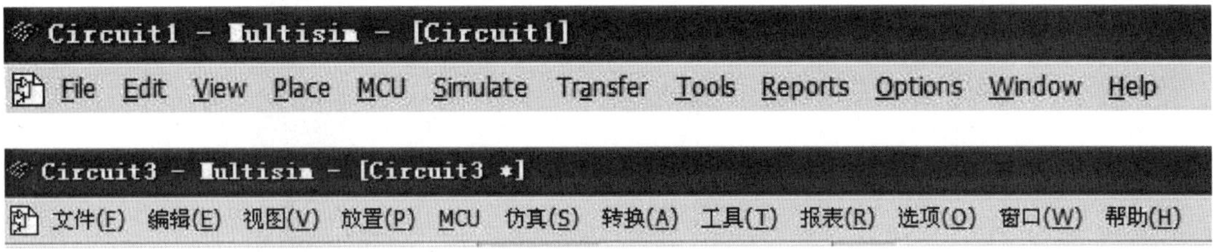

图 4-3 菜单栏界面

1) File 菜单、Edit 菜单

File 菜单中包含了对文件和项目的基本操作以及打印等命令。Edit 菜单提供了类似于图形编辑软件的基本编辑功能,用于对电路图进行编辑。这些功能如表 4-1 所示。

表 4-1 File 菜单、Edit 菜单功能表

File 菜单	功能	Edit 菜单	功能
New	建立新文件	Undo	撤消编辑
Open	打开文件	Cut	剪切
Open Samples	打开示例文件	Copy	复制
Close	关闭当前文件	Paste	粘贴
Close All	关闭所有文件	Delete	删除
Save	保存	Select All	全选
Save As	另存为	Delete Multi_Page	删除多个页面
Save All	保存所有文件	Paste as Subcircuit	作为子电路粘贴
New Project	建立新项目	Find	查找
Open Project	打开项目	Graphic Annotation	图形注释
Save Project	保存当前项目	Order	置前置后顺序
Close Project	关闭项目	Assign to Layer	指定对象至注释层
Version Control	版本管理	Layer Settings	设置层
Print	打印	Orientation	设置方向
Print Preview	打印预览	Title Block Position	设置标题块的位置
Print Options	打印选项	Edit Symbol/Title Block	编辑符号标题块
Recent Design	最近编辑过的文件	Font	设置字体

续表 4-1

File 菜单	功能	Edit 菜单	功能
Recent Project	最近编辑过的项目	Comment	文件注释
Exit	退出 Multisim	Forms/Question	填写问题表格
		Properties	对象属性

2) View 菜单、Place 菜单

通过 View 菜单可以决定使用软件时的视图,对一些工具栏和窗口进行控制,通过 Place 菜单输入电路图。这些功能如表 4-2 所示。

表 4-2　View 菜单、Place 菜单功能表

View 菜单	功能	Place 菜单	功能
Full Screen	全屏显示	Component	放置元器件
Parent Sheet	激活父表	Junction	放置连接点
Zoom In	放大显示	Wire	放置连线
Zoom Out	缩小显示	Bus	放置总线
Zoom Full	记录信息窗口	Connectors	放置连接器
Zoom Area	区域缩放	New Hierarchical Block	新建层次模块
Zoom Fit to Page	缩放至适合	Replace by Hierarchical Block	层次模块重置
Zoom to Magnification	设置缩放比	Hierarchical Block from File	从文件加载层次模块
Zoom Selection	放大对象	New Subcircuit	新建子电路
Show Grid	显示栅格	Replace by Subcircuit	选择子电路替代当前选中的子电路
Show Border	显示图表框	Multi-Page	打开新的平铺电路页面
Show Page Bounds	显示页面边界	Merge Bus	合并总线
Rule Bars	显示标尺栏	Bus Vector Connector	放置总线向量连接
Status Bar	显示状态栏	Comment	放置注释
Design Toolbox	显示设计工具盒	Text	放置文本
		Graphics	放置图像对象
		Tile Block	放置文字块
		Place Ladder Rungs	放置梯形图

3) Simulate 菜单、MCU 菜单

通过 Simulate 菜单执行仿真分析命令,利用 MCU 菜单进行单片机仿真。这些菜单的具体功能如表 4-3 所示。

表 4-3 Simulate 菜单、MCU 菜单功能表

Simulate 菜单	功能	MCU 菜单	功能
Run	执行仿真	No MCU Component Found	没有 MCU 元件
Pause	暂停仿真	Debug View Format	调试查看格式
Stop	停止仿真	MCU Windows	MCU 窗口
Instruments	放置仪器	Show Line Numbers	显示行号
Interactive Simulation Setting	交互式仿真	Pause	暂停
Digital Simulation Setting	数字仿真	Step into	跳入
Analyses	选用分析功能	Step over	单步
Postprocessor	后处理	Step out	跳出
Simulation Error Log/Audit Trail	仿真错误日志	Run to cursor	远行到光标
Xspice Command Line Interface	Xspice 命令界面	Toggle breakpoint	锁定断点
Load Simulation Setting	加载仿真设置	Remove all breakpoint	消除所有断点
Save Simulation Setting	保存仿真设置		
Auto Fault Open	自动设置故障选项		
VHDL Simulation	进行 VHDL 仿真		
Dynamic Probe Properties	动态探针属性		
Reverse Probe Direction	旋转属性方向		
Clear Instrument Data	清除仪器数据		
Use Tolerance	使用元件误差值		

4) Tools 菜单、Transfer 菜单

Tools 菜单是主要针对元器件的编辑与管理的命令,Transfer 菜单提供的命令可以完成 Multisim 对其他 EDA 软件需要的文件格式的输出。这些菜单的具体功能如表 4-4 所示。

表 4-4 Tools 菜单、Transfer 菜单功能表

Tools 菜单	功能	Transfer 菜单	功能
Component Wizard	元件向导工具	Transfer to Ultiboard 10	传送到 Ultiboard 10
Database	打开数据库	Transfer to Ultiboard 9 or earlier	传送到 Ultiboard 9 或更早版本
Variant Manager	打开变量管理器	Export PCB Layout	传送到 PCB 布线
Set Active Variant	激活产品变种	Forward Annotate to Ultiboard 10	向前注释到 Ultiboard 10

续表 4-4

Tools 菜单	功能	Transfer 菜单	功能
Circuit Wizard	电路向导工具	Forward Annotate to Ultiboard 9 or earlier	向前注释到 Ultiboard 9 或更早版本
Rename/renumber Component	元件重命名	Back annotate from Ultiboard	从 Ultiboard 返回注释
Replace Component	重置元件	Highlight Selection in Ultiboard	在 Ultiboard 中重点选择
Update Circuit Component	更新电路元件	Export Netlist	输出网络表格
Update HB/SC Symbols	更新层次块/子电路符号		
Electrical Rule Check	运行电气规则检查		
Clear ERC Markers	清除电气规则检查标记		
Toggle NC Marker	锁定无连接标记		
Symbol Editor	打开符号编辑器		
Title Block Editor	标题块编辑器		
Description Box Editor	电路描述框编辑器		
Edit Labels	编辑标签		
Capture Screen Area	捕获选择的屏幕区域		
Show Breadboard	显示面包版		
Education Web Page	打开教育网页资源		

5) Reports 菜单、Options 菜单

通过 Reports 菜单给出各类报表，Options 菜单可以对软件的运行环境进行定制和设置。这些菜单的具体功能如表 4-5 所示。

表 4-5　Reports 菜单、Options 菜单功能表

Reports 菜单	功能	Options 菜单	功能
Bill of Materials	材料清单	Global Preferences	全局选项
Component Detail Report	元件详细报告	Sheet Properties	电路图属性
Netist Report	网络表报告	Global Restrictions	设定软件整体环境参数
Cross Reference Report	参照报告	Circuit Restrictions	设定编辑电路的环境参数
Schematic Statistics	原理图统计信息	Customize User Interface	自定义用户界面
Spare Gates Report	闲置门报告	Simplified Version	切换至简化版

6) Window 菜单、Help 菜单

通过 Window 菜单管理窗口，Help 菜单提供对 Multisim 的在线帮助和辅助说明。这些菜单的具体功能如表 4-6 所示。

表 4-6 Window 菜单、Help 菜单功能表

Window 菜单	功能	Help 菜单	功能
New Window	新建窗口	Multisim Help	Multisim 帮助
Close	关闭窗口	Component Reference	元件帮助信息
Close All	关闭所有窗口	Release Notes	发布的文件信息
Cascade	叠层排列	Check For Updates	检查更新
Tile Horizontal	水平排列	File Information	文件信息
Tile Vertical	垂直排列	Patents	专利信息
Full Wave Voltage Converter	已打开的窗口	About Multisim	关于 Multisim
Windows	Windows 对话框		

4. 工具栏

通过工具栏，用户可以方便直接地使用软件的各项功能。工具栏有标准工具栏、查看工具栏、主工具栏（图 4-4）。

(a) 标准工具栏

(b) 查看工具栏

(c) 主工具栏

图 4-4 工具栏

标准工具栏、查看工具栏比较简单，以下主要介绍主工具栏功能。

(1) 表示项目浏览器。

(2) 表示数据表格视图。

(3) 表示数据库管理器。

(4) 表示显示实验电路板打开面包版。

(5) 表示元件向导。

(6) 表示记录仪、分析列表。

(7) ▦ 表示后期处理。

(8) ▦ 表示电器规则检查。

(9) ▦ 表示捕捉屏幕范围。

(10) ▦ 表示跳到父图。

(11) ▦ 表示从 Ultiboard 返回注释。

(12) ▦ 表示向前注释到 Ultiboard。

5. 元器件栏

元器件栏如图 4-5 所示。

图 4-5　元器件栏

(1) ▦ 表示信号源库(Sources)。

(2) ▦ 表示基本元件库(Basic)。

(3) ▦ 表示二极管库(Diodes)。

(4) ▦ 表示晶体管库(Transistors)。

(5) ▦ 表示模拟器件库(Analog)。

(6) ▦ 表示 TTL 数字集成电路库(TTL)。

(7) ▦ 表示 CMOS 数字集成电路库(CMOS)。

(8) ▦ 表示杂项数字电路库。

(9) ▦ 表示混合元器件库(Mixed)。

(10) ▦ 表示指示器件库(Indicators)。

(11) ▦ 表示电源组件(Power)。

(12) ▦ 表示其他器件库(Misc)。

(13) ▦ 表示先进的外围设备(Advanced peripherals)。

(14) ▦ 表示射频器件库(RF)。

(15) ▦ 表示机电器件库(Electro_Mechanical)。

(16) ▦ 表示微处理器模型器件库(MCU Module)。

(17) ▦ 表示层次块。

(18) ▦ 表示总线。

6. 虚拟仪器

Multisim 为用户提供了类型丰富的虚拟仪器,可以从 Instruments 工具栏或用菜单命令 (Simulation/ instrument)选用 18 种虚拟仪器,如图 4-6 所示。通过虚拟仪器对电路进行仿真运行与分析,判断设计是否正确合理,是 EDA 软件的一项主要功能。在选用后,各种虚拟仪器仪表都以面板的方式显示在电路中。

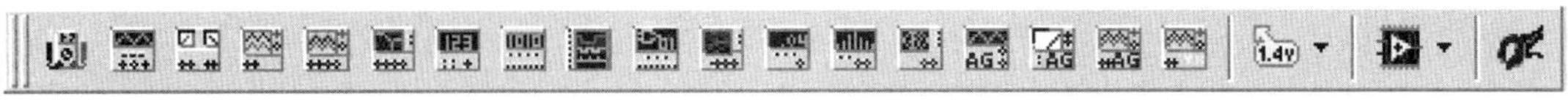

图 4-6 虚拟仪器

下面将 18 种虚拟仪器的视图及名称介绍如下:

(1)  表示 Multimeter(数字万用表)。

(2) 表示 Function Generator(函数发生器)。

(3)  表示 Wattermeter(瓦特表)。

(4) 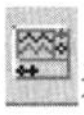 表示 Oscilloscape(双通道示波器)。

(5) 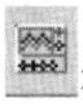 表示 4 Channel Oscilloscape(四通道示波器)。

(6)  表示 Bode Plotter(波特图仪)。

(7)  表示 Frequency Counter(频率计)。

(8)  表示 Word Generator(字信号发生器)。

(9)  表示 Logic Analyzer(逻辑分析仪)。

(10)  表示 Logic Converter(逻辑转换仪)。

(11)  表示 IV-Analysis (IV 分析仪)。

(12)  表示 Distortion Analyzer(失真度分析仪)。

(13)  表示 Spectrum Analyzer(频谱分析仪)。

(14)  表示 Network Analyzer(网络分析仪)。

(15)  表示 Agilent Function Generator(安捷伦信号发生器)。

(16)  表示 Agilent Multimeter(安捷伦万用表)。

(17)  表示 Agilent Oscilloscape (安捷伦示波器)。

(18) 表示 Tektronix Oscilloscape (泰克示波器)。

在电路中选用了相应的虚拟仪器后,将需要观测的电路点与虚拟仪器面板上的观测口相连,双击虚拟仪器就会出现仪器面板,面板为用户提供观测窗口和参数设定按钮。通过 Simulation 工具栏启动电路仿真,虚拟仪器面板的窗口中就会出现被观测点的数字或波形。

第三节　实验内容

自行设计电路图,利用 Multisim 软件完成下述实验。
(1)基尔霍夫定律验证仿真。
(2)叠加原理验证仿真。
(3)戴维南定理验证仿真。
(4)包含运算放大器的电路,如反向放大器电路、加减法电路的功能仿真实现。
(5)RC 电路过渡过程观察。
(6)RLC 谐振电路谐振仿真。

第四节　实验报告要求

(1)图表规范,文字简练,对仿真的表值和理论结果进行比较,结果正确,仿真分析合理,图示清晰。
(2)报告内容齐全,必做内容和选做内容数量满足要求。
(3)报告中的文字表述顺畅,分析严谨,详略得当,每个图下都有必要的分析。

第五章　Python 在电路分析中的应用

第一节　实验目的及实习要求

一、实验目的

让学生通过对此任务的思考、设计和实现，学习 Python 在课程中的基本应用，锻炼用 Python 解决实际工程问题的能力，为今后的毕业设计和就业打下良好的基础。

二、实验要求

用 Python 完成电路分析的计算以及画图等。

三、实验器材及工具介绍

计算机 1 台，Python 软件 1 套。

第二节　实验原理

Python 是面向对象的高级程序语言之一，其语句简洁，库类丰富，且采用开源设计，具有众多的第三方库和开源软件包的接口，已经成为应用于科学计算、数据库、网络工程等众多领域的高级语言。与其他计算机语言相比，它语句简洁，编程效率高，绘图功能强大而简单，矩阵和数组运算有效方便，尤其是扩充能力强。正因为这些特点，Python 已成为教学研究与工程应用不可缺少的助手，自推出后即流行于欧美。和 Matlab 相比，除了 Matlab 的一些专业性很强的工具箱还无法被替代之外，Matlab 大部分常用功能都可以在 Python 世界中找到相应的扩展库，而且 Python 做科学计算还有如下优点。

（1）Python 完全免费，众多开源的科学计算库都提供了 Python 的调用接口。用户可以在任何计算机上免费安装 Python 及其绝大多数扩展库。

（2）Python 是一门更易学、更严谨的程序设计语言。它能让用户编写出更易读、易维护的代码。

（3）Python 有着丰富的扩展库，可以轻易完成各种高级任务，开发者可以用 Python 实现完整应用程序所需的各种功能。

基于这些优点,本书将介绍 Python 在电路分析课程中的一些应用,主要包括直流电阻电路分析、正弦稳态分析、动态电路分析等。分析电路主要求解电路各支路的电压、电流等,具体步骤首先建立适当的数学模型,然后通过 Python 软件编程求解以及结果展示。

第三节　实验内容

1. 直流电阻电路及正弦稳态分析

具体分析按以下几个步骤来实现。

(1)建立数学模型。根据所给电路建立适当的数学模型,对直流电阻电路和正弦稳态交流电路,可以用同一数学模型,因为 Python 的基本元素是复数,其数学模型实际是电路教材中的网孔电流方程和节点电压方程的矩阵形式。例如:三变量的网孔电流方程为

$$Z_{11}I_1 + Z_{12}I_2 + Z_{13}I_3 = U_{S11}$$
$$Z_{21}I_1 + Z_{22}I_2 + Z_{23}I_3 = U_{S22}$$
$$Z_{31}I_1 + Z_{32}I_2 + Z_{33}I_3 = U_{S33}$$

因为 Python 中的变量是复数,所以以上的电流和电压变量上方没有加点。

其矩阵形式为 $\dot{Z} \times \dot{I} = \dot{U}_s$

(2)编程。由 Python 的语句构成的程序文件叫 py 文件,它是以".py"作为文件扩展名的文本文件,可以直接阅读并可由任何文本编辑器建立。调用 py 文件输入电路元件参数并运行程序后即可得到结果。实际上该程序的编写相当简单,只要有电路和程序设计的基础知识即可,且程序不长。为简化编程,亦可直接利用 Python 的交互命令,输入电路元件参数后也可得到结果。

(3)例题分析。

[**例 5-1**]　如图 5-1 所示,已知 $R_1=R_2=R_3=4\Omega, R_4=2\Omega, I_s=2A, \alpha=0.5, \beta=4$,求 I_1 和 I_2。

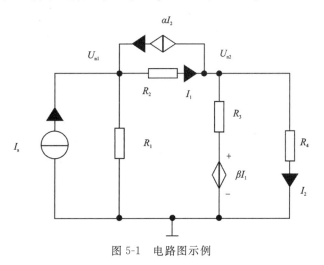

图 5-1　电路图示例

解:①建模。按图 5-1,建立节点电压方程

$$\left(\frac{1}{R_1} + \frac{1}{R_2}\right)U_{n1} + \left(-\frac{1}{R_2}\right)U_{n2} = I_s + \alpha I_2$$

$$\left(-\frac{1}{R_2}\right)U_{n1} + \left(\frac{1}{R_2} + \frac{1}{R_3} + \frac{1}{R_4}\right)U_{n2} = -\alpha I_2 + \beta \frac{I_1}{R_3}$$

$$I_1 = \frac{(U_{n1} - U_{n2})}{R_2}$$

$$I_2 = \frac{U_{n2}}{R_4}$$

整理以上各式并写成矩阵形式

$$\begin{bmatrix} \frac{1}{R_1} + \frac{1}{R_2} & -\frac{1}{R_2} & 0 & -\alpha \\ -\frac{1}{R_2} & \frac{1}{R_2} + \frac{1}{R_3} + \frac{1}{R_4} & -\beta/R_3 & \alpha \\ \frac{1}{R_2} & -\frac{1}{R_2} & -1 & 0 \\ 0 & \frac{1}{R_4} & 0 & -1 \end{bmatrix} \begin{bmatrix} U_{n1} \\ U_{n2} \\ I_1 \\ I_2 \end{bmatrix} = \begin{bmatrix} I_s \\ 0 \\ 0 \\ 0 \end{bmatrix}$$

②编程。代入参数，利用 Python 编写的程序如下：

```
import numpy as np
import math
import cmath
Z11= 1/4+ 1/4
Z12= - 1/4
Z13= 0
Z14= - 0.5
Z21= - 1/4
Z22= 1/4+ 1/4+ 1/2
Z23= - 4/4
Z24= 0.5
Z31= 1/4
Z32= - 1/4
Z33= - 1
Z34= 0
Z41= 0
Z42= 1/2
Z43= 0
Z44= - 1
Z= np.array([[Z11, Z12, Z13, Z14], [Z21, Z22, Z23, Z24], [Z31, Z32, Z33, Z34], [Z41, Z42, Z43, Z44]])
Print ("\n matrix Z :\n", Z)
```

```
Y= np.array([[2],[0], [0], [0]])
Print ("\n matrix Y:\n", Y)
I= np.matmul(np.linalg.inv(Z), Y)
print("\n matrix I :\n", I) # 求解结果
```

运行结果如下：

```
matrix Z :
[[ 0.5  -0.25  0.   -0.5 ]
 [-0.25  1.   -1.    0.5 ]
 [ 0.25 -0.25 -1.    0.  ]
 [ 0.    0.5   0.   -1.  ]]

matrix Y :
[[2]
 [0]
 [0]
 [0]]

matrix I :
[[6.]
 [2.]
 [1.]
 [1.]]
```

运行程序为 $I_1=1, I_2=1$，即正确答案为 $I_1=1A$，$I_2=1A$。

［**例 5-2**］ 图 5-2 电路中 $L_1=3.6H$，$L_2=0.06H$，$M=0.465H$，$R_1=20\Omega$，$R_2=0.08\Omega$，$R_L=42\Omega$，$U_s=115\cos(314t)V$，求电流 I_1，I_2。

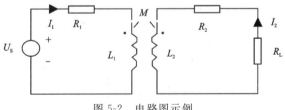

图 5-2 电路图示例

解：①建模。如图 5-2 所示，建立网孔电流方程

$$(R_1+j\omega L_1)\dot{I}_1 + j\omega M\dot{I}_2 = \dot{U}_s$$

$$j\omega M\dot{I}_1 + (R_2+j\omega L_2+R_L)\dot{I}_2 = 0$$

写成矩阵形式

$$\begin{bmatrix} R_1+j\omega L_1 & j\omega M \\ j\omega M & R_2+j\omega L_2+R_L \end{bmatrix} \begin{bmatrix} \dot{I}_1 \\ \dot{I}_2 \end{bmatrix} = \begin{bmatrix} \dot{U}_s \\ 0 \end{bmatrix}$$

②编程。代入参数，并利用 Python 编写的程序如下：

```
import numpy as np
import math
import cmath
Z11= complex(20,314* 3.6)
Z12= complex(0,314* 0.465)
Z21= complex(0,314* 0.465)
Z22= complex(0.08+ 42,314* 0.06)
Z= np.array([[Z11,Z12],[Z21, Z22]])
print("\n complex Z\n",Z)
U= np.array([[115],[0]])
I= np.matmul(np.linalg.inv(Z),U)
print("\n current I\n",I)
I1_amplitude= abs(I[0])# 计算电流 I1 的模
print("\n the amplitude of I1 \n",I1_amplitude)
I2_amplitude= abs(I[1])# 计算电流 I2 的模
print("\n the amplitude of I2 \n",I2_amplitude)
I1_angle= cmath.phase(I[0])* 180/np.pi# 计算电流 I1 的辐角
I2_angle= cmath.phase(I[1])* 180/np.pi# 计算电流 I2 的辐角
print("\n the angle of I1 \n",I1_angle)# 输出电流 I1 的辐角
print("\n the angle of I2\n",I2_angle)# 输出电流 I2 的辐角
```

运行程序得：

```
complex Z
[[20.   +1130.4j   0.   +146.01j]
 [ 0.   +146.01j  42.08 +18.84j]]

current I
[[ 0.04699342-0.1000877j ]
 [-0.35011034-0.00630777j]]

the amplitude of I1
[0.11057092]

the amplitude of I2
[0.35016716]

the angle of I1
-64.84889003127167

the angle of I2
-178.96784172165445
```

$I_1 = 0.047\ 0 - j0.100\ 0, I_2 = -0.350\ 1 - j0.006\ 3$；
$r_1 = 0.110\ 5$, angle1 $= -64.838\ 5$, $r_2 = 0.350\ 2$, angle2 $= -178.968\ 3$。
其中 r_1、r_2 分别代表电流 I_1、I_2 的模，angle1、angle2 分别代表电流 I_1、I_2 的辐角。

2. 动态电路分析

描述动态电路用微分方程，一阶动态电路用一阶微分方程来描述的，可以直接求解微分方程，但也可以应用三要素法求解。当应用三要素法求解时，电路的全响应＝零输入响应＋

零状态响应,或者电路的全响应＝稳态响应＋暂态响应,用公式表示为
$$f(t)=f(\infty)+[f(0+)-f(\infty)]\exp(-t/\tau)$$
该式作为其数学模型。二阶动态电路用二阶微分方程来描述。

[**例 5-3**] 如图 5-3 所示电路,已知 $R=2\Omega$,$C=0.5F$,电容初始电压 $U_C(0+)=4V$,激励电压 $U_s=8V$,当 $t=0$ 时,开关 S 闭合,求电容电压的全响应,并绘出波形图。

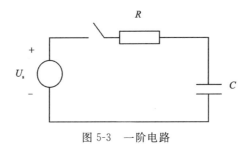

图 5-3 一阶电路

解:①建模。当 $t \geqslant 0$ 时,表征电容电压的微分方程为
$$\frac{dU_C(t)}{dt}+\frac{U_C(t)}{RC}=\frac{U_s}{RC}$$

若用三要素法求解,其解为
$$U_C(t)=U_C(\infty)+[U_C(0+)-U_C(\infty)]\exp(-t/\tau)$$

其中 $U_C(0)$ 为电容的初始电压 4V,$U_C(\infty)$ 为电容的稳态值 8V,τ 为时间常数,RC=1s。

但由于激励为正弦电压,上式适当修改为
$$U_C(t)=8-4\exp(-t)$$

②编程绘波形图。代入参数,利用 Python 编写的程序如下:

```
import numpy as np
import matplotlib.pyplot as plt# 解决中文显示问题
plt.rcParams['font.sans- serif']= ['SimHei']
plt.rcParams['axes.unicode_minus']= False
t= [0,0.5,0.7,1,2,3,4,5]
volt= 8- 4/(np.exp(t))
plt.figure()
plt.plot(t,volt* 100,'bd:')
for a, b in zip(t,np.round(volt* 100,2)):# 将时间和电压分别打包成点的坐标对形式
    plt.text(a,b,(a,b),ha= 'left',va= 'top')# 注释文本所在位置的坐标
    plt.grid(linestyle= ':')# 生成网格
    plt.xlabel('时间常数')# 生成横坐标标签
    plt.ylabel('电容电压')# 生成纵坐标标签
plt.show()# 显示图像
```

程序运行的图形如图 5-4 所示。

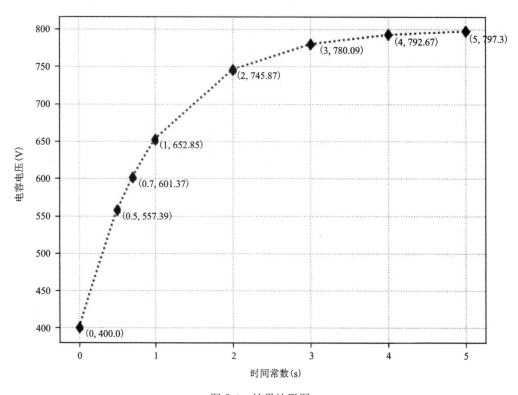

图 5-4 结果波形图

[例 5-4] 计算已知角度的余弦值,直角坐标形式下的模以及相位角等。

解:编程。利用 Python 编写的程序代码如下:

```
import numpy as np
import numpy as np
import math
import cmath
# 计算 30°C 角度下的余弦值
in_array= 30/180* np.pi
Cos_value= np.cos(in_array)
print("\ncosine values:\n",Cos_value)
# 计算复数 1+ 2j 的共轭、模以及相位角
C1= 1+ 2j
print("\n complex number:\n",C1)
print("\n conjugate:\n",C1.conjugate());
print("\n amplitude:\n", abs(C1))
print("\n angle:\n",cmath.phase(C1)* 180/np.pi)
```

运行程序得：

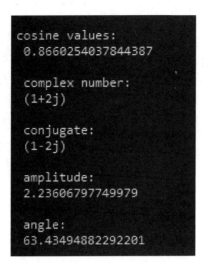

[例 5-5] 信号源提供 100kVAR 的无功功率给负载 $Z=250\angle-75°\Omega$，计算：①功率因素；②负载的视在功率；③电压有效值。

解：依据题意有如下计算公式：

$$功率因素\ pf = \cos(-75°)$$
$$Q = S\sin(-75°)$$
$$S = \left|\frac{Q}{\sin(-75°)}\right|$$
$$S = UI = \frac{U^2}{|Z|} \Rightarrow U = \sqrt{S|Z|}$$

利用 Python 计算结果的代码如下：

```
import numpy as np
import math
import cmath
pf= np.cos(- 75/180* np.pi)
qf= np.sin(- 75/180* np.pi)
Z= 250* complex(pf,qf)

print("\n power factor:\n",pf)
print("\n resistor:\n",Z)
S= 100/np.sin(75/180* np.pi)
print("\n apparent power:\n", S)
Vrms= np.sqrt(S* 250* 1000)/1000# 单位回归为 kV
print("\n rms of voltage:\n",Vrms)
```

程序运行得：

```
power factor:
0.25881904510252074

resistor:
(64.704761275630l9-241.48145657226711j)

apparent power:
103.5276180410083

rms of voltage:
5.087426118407232
```

3. 小结

电路分析的基本方法是建立数学模型（一般是方程或者已知电路方程组），并求解方程组，得到各支路电压和电流。当电路规模较大时，求解很复杂，借助计算机可以大大简化计算量，尤其利用 Python 则要简单得多，而且还可以进行仿真，除编写专用程序外，可以建立通用的电路分析程序。以上题例均是采用编程的方式，其实也可以用 Python 的命令方式求解，这样更简单。

4. 实验报告要求

(1)画出电路图，并计算出理论结果。

(2)根据 Python 语言编程计算出程序运行的结果，并与(1)中计算出的理论结果进行对比。

参考文献

董晓聪,2004.电路分析实验[M].杭州:浙江大学出版社.
高文焕,张尊侨,徐振英,等,2015.电子电路实验[M].北京:清华大学出版社.
金波,2008.电路分析实验教程[M].西安:西安电子科技大学出版社.
刘颖,2008.电路实验教程[M].北京:国防工业出版社.
吕伟锋,董晓聪,2010.电路分析实验[M].北京:科学出版社.
秦杏荣,王霞,杨尔滨,2011.电路实验基础[M].2版.上海:同济大学出版社.
任姝婕,赵红,等,2010.电路分析实验:仿真与实训[M].北京:机械工业出版社.
唐巍,赵宇先,2005.电路实验教程[M].北京:中国电力出版社.
陶秋香,2015.电路分析实验教程[M].2版.北京:人民邮电出版社.
汪建,李承,孙开放,等,2010.电路实验[M].2版.武汉:华中科技大学出版社.
王超红,高德欣,王思民,2015.电路分析实验[M].北京:机械工业出版社.
王涛,2015.电路分析实验教程[M].北京:北京邮电大学出版社.
王英,甘萍,何朝晖,2015.电路分析实验教程[M].2版.成都:西南交通大学出版社.
韦宏利,张荷芳,2005.电路分析实验[M].西安:西北工业大学出版社.
杨焱,张琦,彭嵩,等,2012.电路分析实验教程[M].北京:人民邮电出版社.
曾浩,罗小平,刘双临,等,2008.电子电路实验教程[M].北京:人民邮电出版社.